PFERD ANATOMIE FÄRBUNG BUCH

DIESES BUCH GEHÖRT ZU

INHALTSVERZEICHNIS

INHALTSVERZEICHNIS

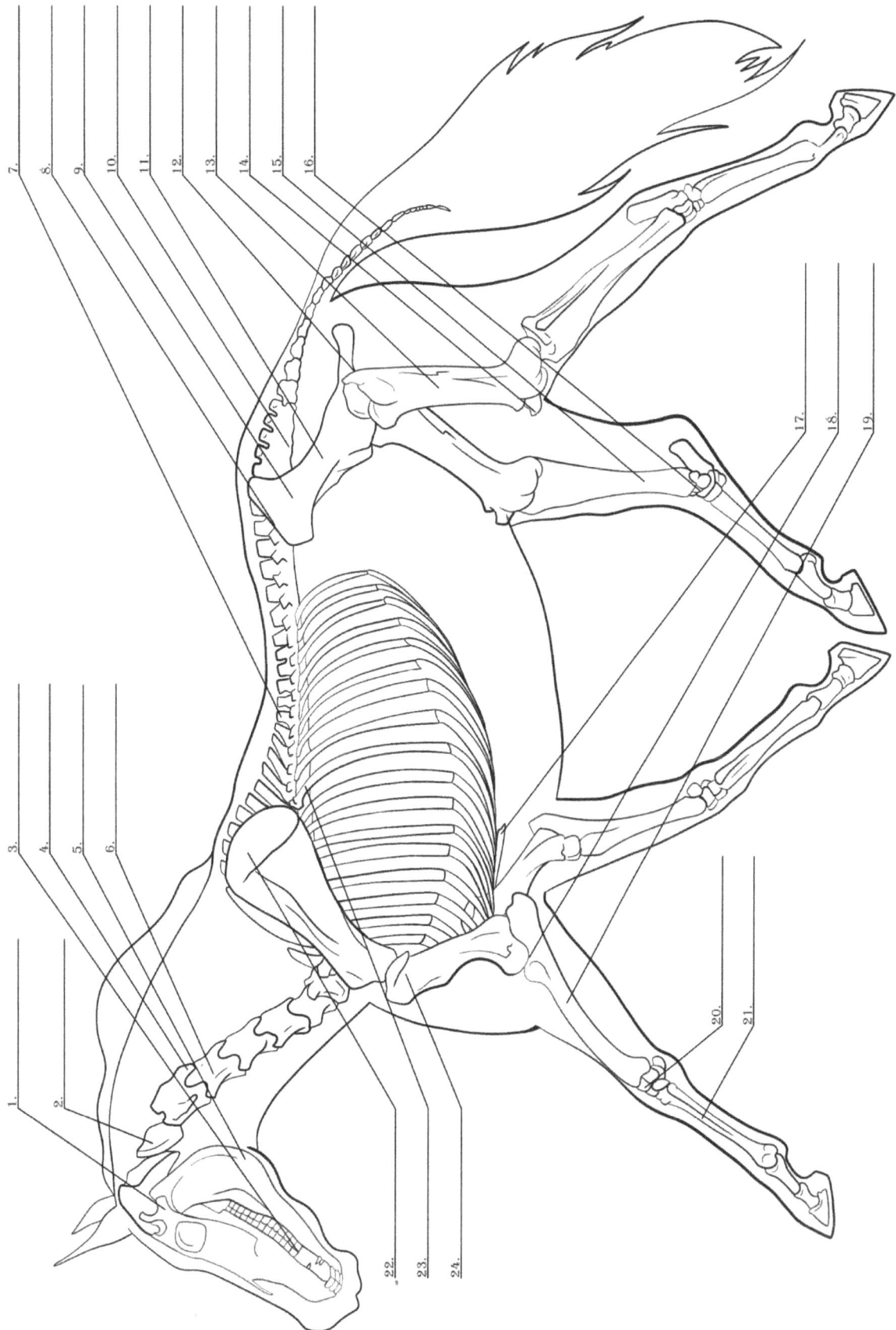

SEKTION 1: DAS SKELETT DES PFERDES LATERALE SEITE

1. SCHÄDEL
2. ATLAS
3. BALKEN
4. ACHSE
5. KIEFER
6. HALSWIRBEL
8. LUMBOSAKRALES GELENK
7. LENDENWIRBEL
9. SPITZE DER HÜFTE
10. KREUZBEIN
11. BECKEN
12. HÜFTGELENK
13. OBERSCHENKELKNOCHEN
14. KNIESCHEIBE
15. SCHIENBEIN
16. SPRUNGGELENK
17. BRUSTBEIN
18. ELLENBOGENGELENK
19. RADIUS
20. KNIE
21. KANONE
22. SCHULTERBLATT
23. BRUSTKORB
24. OBERARMKNOCHEN

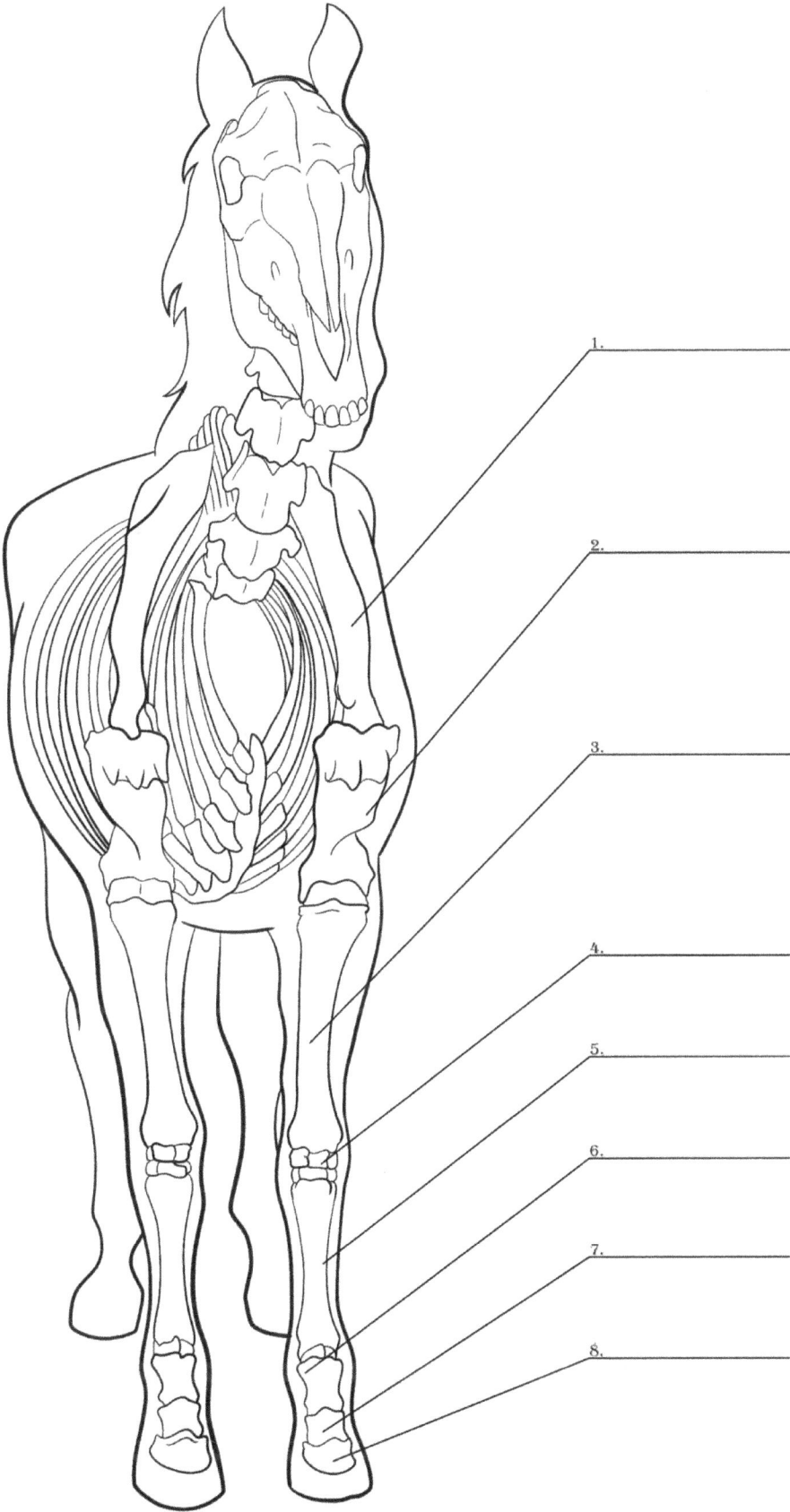

1. _____

2. _____

3. _____

4. _____

5. _____

6. _____

7. _____

8. _____

SEKTION 2: DAS SKELETT DES PFERDES - SCHÄDELANSICHT

1. WIRBELSÄULE DES SCHULTERBLATTS
2. OBERARMKNOCHEN
3. SPEICHE
4. HANDWURZELKNOCHEN
5. 3. MITTELHANDKNOCHEN
6. PROXIMALES FINGERGLIED
7. MITTLERES FINGERGLIED
8. DISTALE PHALANX (HUFBEIN)

SEKTION 3: DAS SKELETT DES PFERDES KRANIALER UND KAUDALER ASPEKT

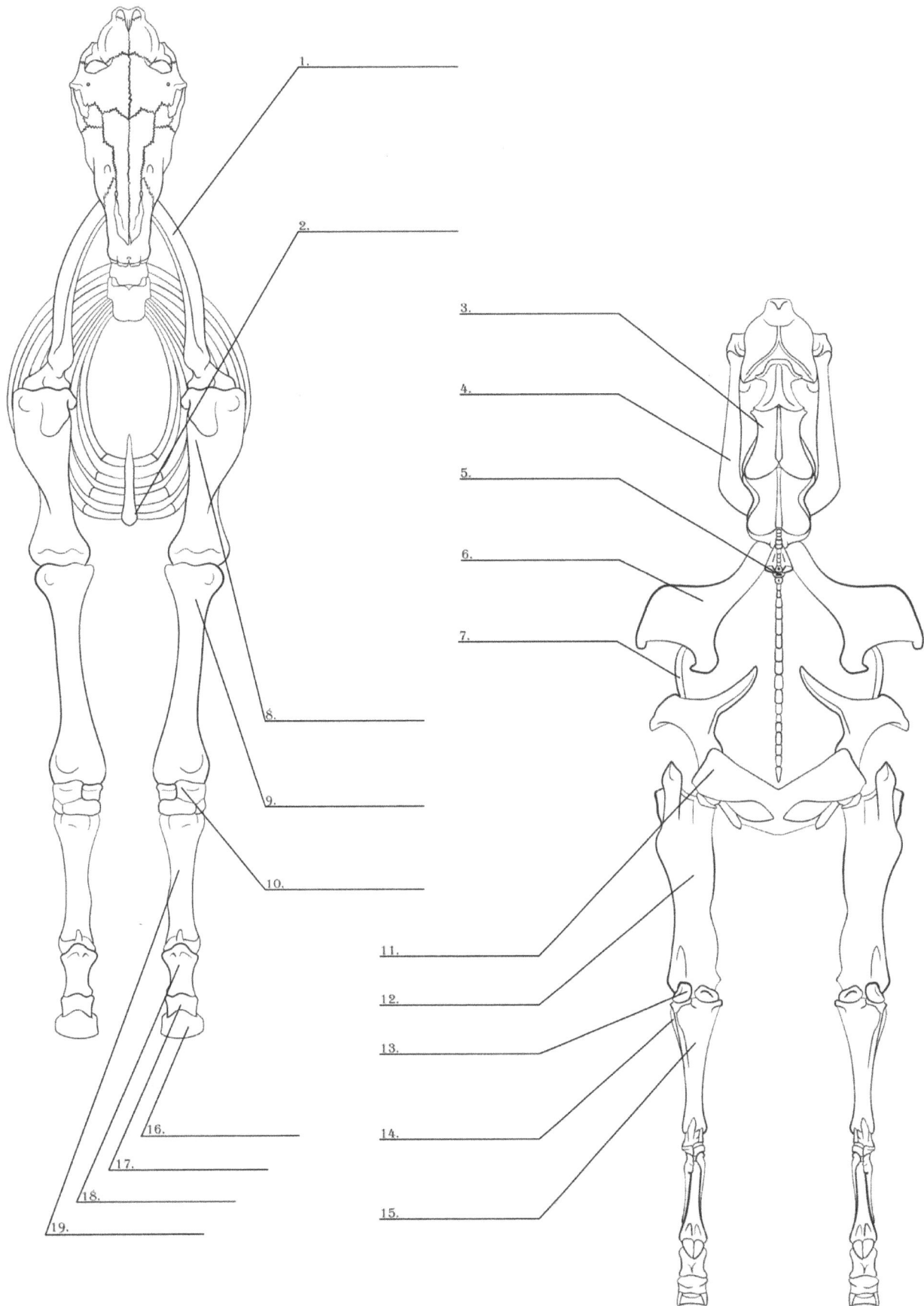

1.

2.

3.

4.

5.

6.

7.

8.

9.

10.

11.

12.

13.

14.

15.

16.

17.

18.

19.

SEKTION 3: DAS SKELETT DES PFERDES KRANIALER UND KAUDALER ASPEKT

1 WIRBELSÄULE DES SCHULTERBLATTS
2. BRUSTBEIN
3. ACHSE
4. SCHÄDEL
5. KREUZBEIN
6. SCHULTERBLATT
7. BRUSTKORB
8. OBERARMKNOCHEN
9. SPEICHE
10. HANDWURZELKNOCHEN
11. BECKEN
12. OBERSCHENKELKNOCHEN
13. TALUS
14. SCHIENBEIN
15. SCHIENBEIN
16. DISTALE PHALANX (HUFBEIN)
17. MITTLERES FINGERGLIED (PHALANX)
18. PROXIMALE PHALANX
19. 3. MITTELHANDKNOCHEN (METACARPAL)

SEKTION 4: DAS SKELETT DES PFERDES DORSALE SEITE

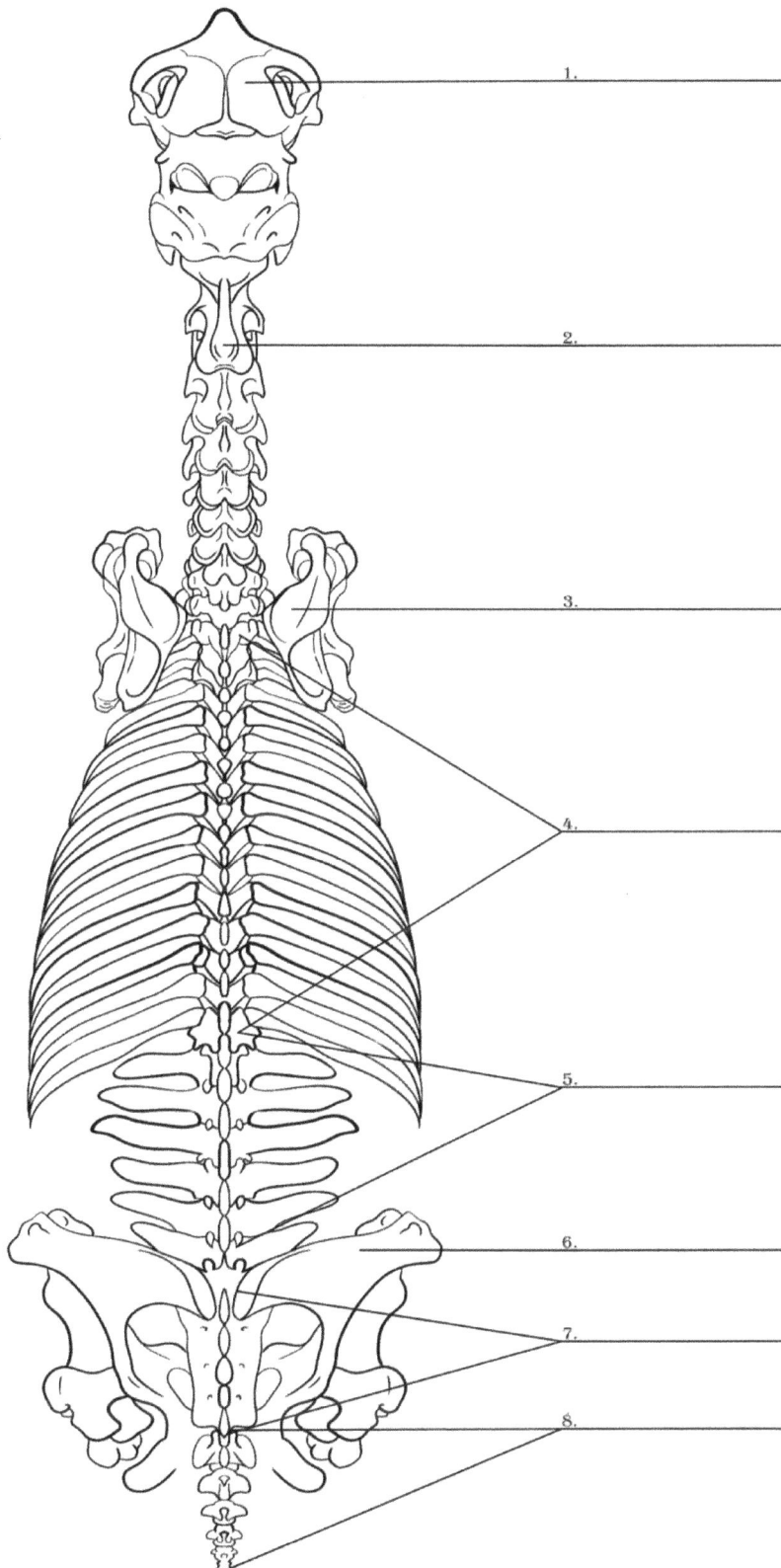

1.

2.

3.

4.

5.

6.

7.

8.

1. SCHÄDEL
2. ACHSE
3. SCHULTERBLATT
4. BRUSTWIRBEL
5. LENDENWIRBEL
6. BECKEN
7. KREUZBEINWIRBEL
8. SCHWANZWIRBEL

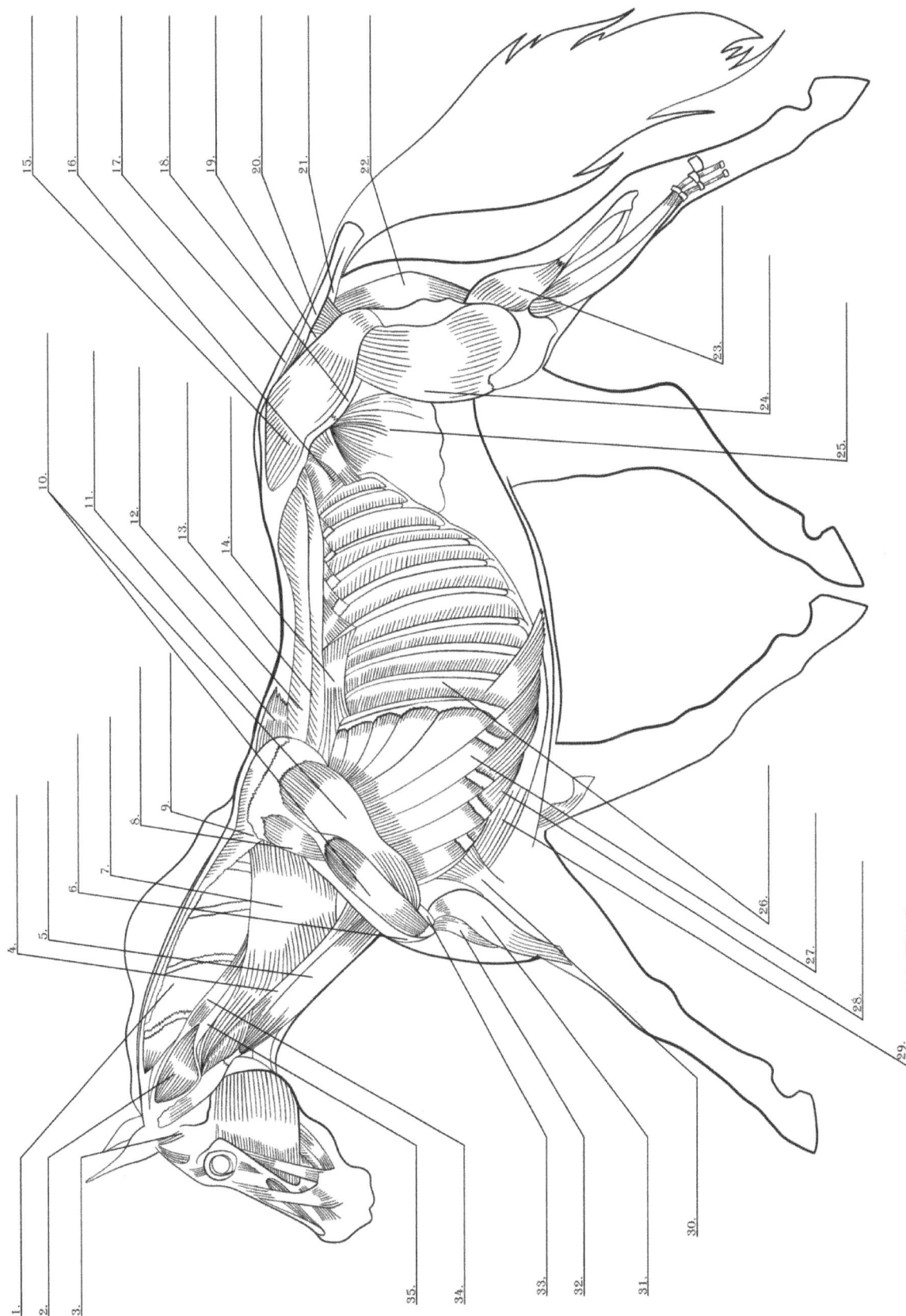

1. COMPLEXUS
2. RECTUS CAPITIS VENTRALIS
3. TEMPORALIS
4. OMOHYOIDEUS
5. STERNOCEPHALICUS
6. SUBCLAVIA
7. SERRATUS VENTRALIS CERVICIS
8. SUPRASPINATUS
9. RHOMBOIDEUS
10. INFRASPINATUS
11. SPINALIS DORSI
12. LONGISSIMUS DORSI
13. LONGISSIMUS COSTARUM
14. SERRATUS DORSALIS POSTERIOR
15. GESÄßMUSKEL (GLUTEUS MEDIUS)
16. TRANSVERSUS ABDOMINIS
17. SACROCAUDALIS DORSALIS MEDIUS
18. ILIACUS
19. COCCYGEUS
20. SACROCAUDALIS DORSALIS LATERALIS
21. SACROCAUDALIS VENTRALIS LATERALIS
22. SEMIMEMBRANOSUS
23. GASTROCNEMIUS
24. QUADRIZEPS FEMORIS
25. OBLIQUE ABDOMINIS INTERNUS
26. EXTERN INTERKOSTAL
27. SERRATUS VENTRALIS THORACIS
28. OBLIQUE ABDOMINIS EXTERNUS
29. PECTORALIS ASCENDENS
30. PECTORALIS TRANSVERSUS
31. BRACHIALIS
32. BIZEPS BRACHII
33. TERES MINOR
34. LONGISSIMUS CAPYTIS
35. LONGISSIMUS ATLANTIS

SEKTION 6: DIE MUSKULATUR DES PFERDES -
SCHÄDELBEREICH

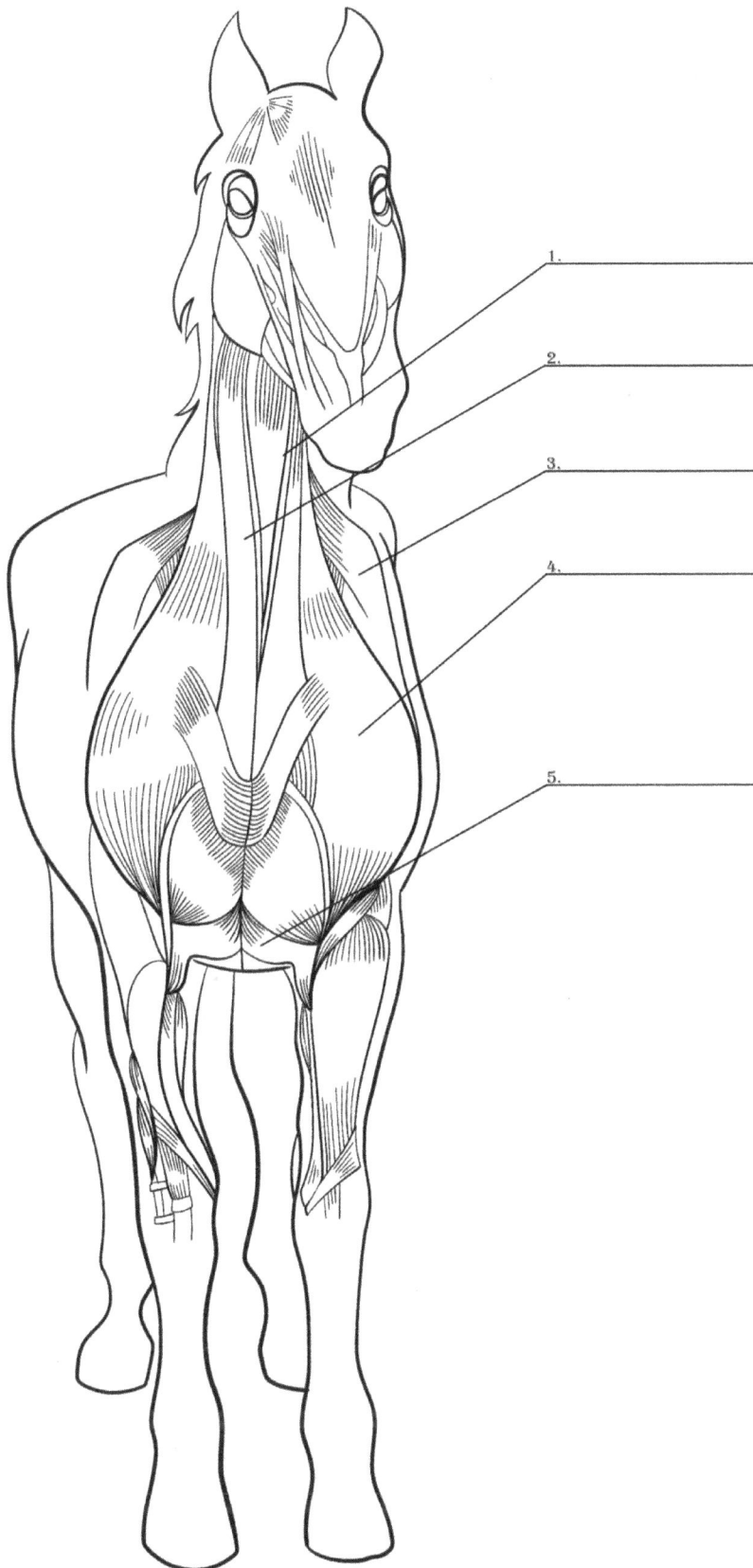

1. _____

2. _____

3. _____

4. _____

5. _____

SEKTION 6: DIE MUSKULATUR DES PFERDES - SCHÄDELBEREICH

1. MUSCULUS STERNOHYOIDEUS
2. STERNOCEPHALICUS-MUSKEL
3. TRAPEZIUSMUSKEL
4. BRACHIOCEPHALICUS-MUSKEL
5. BRUSTMUSKELN

SEKTION 7: DIE MUSKELN DES PFERDES KRANIAL UND KAUDAL

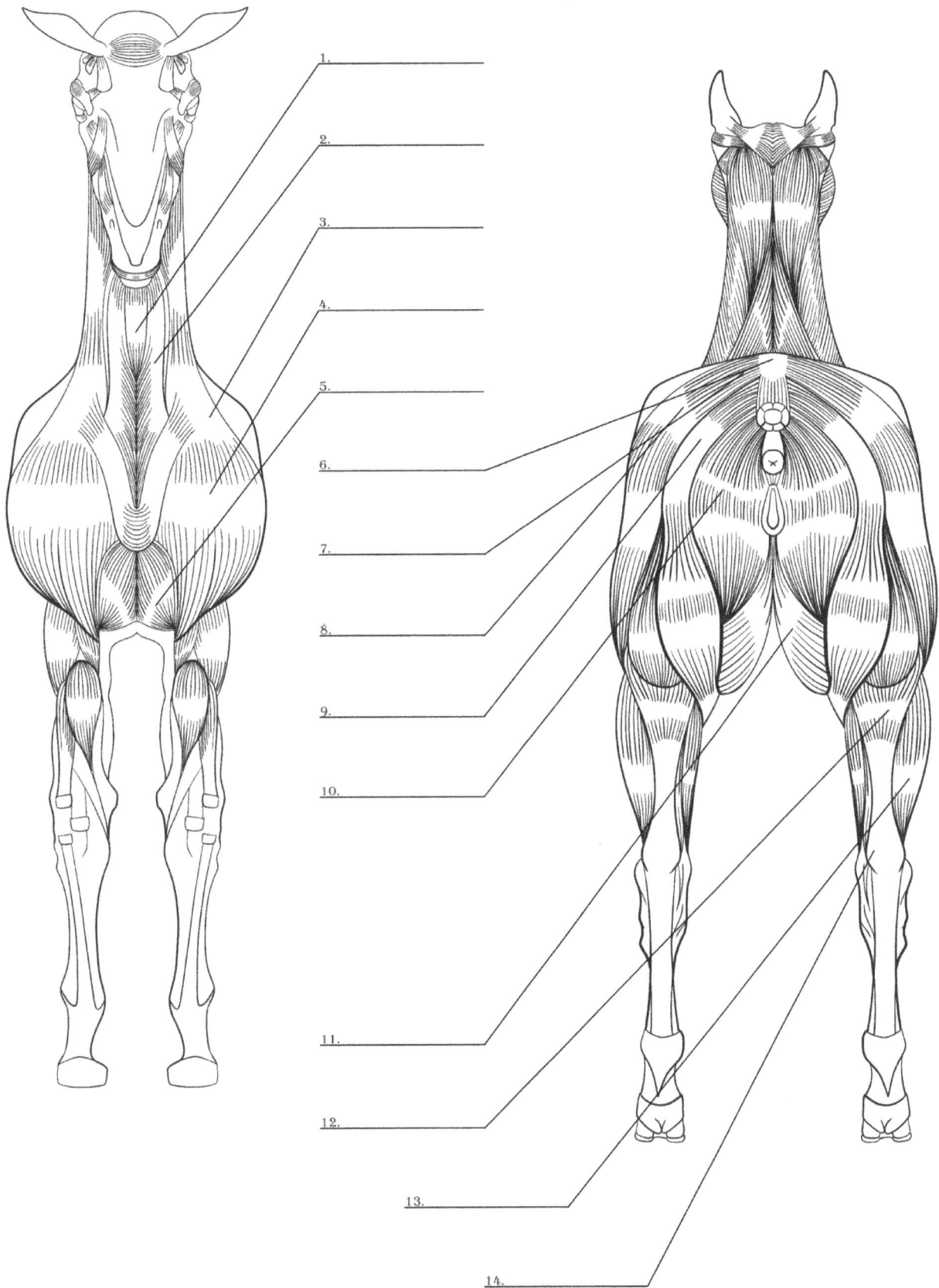

1.

2.

3.

4.

5.

6.

7.

8.

9.

10.

11.

12.

13.

14.

SEKTION 7: DIE MUSKELN DES PFERDES KRANIAL UND KAUDAL

1. MUSCULUS STERNOHYOIDEUS
2. STERNOCEPHALICUS-MUSKEL
3. TRAPEZIUSMUSKEL
4. BRACHIOCEPHALICUS-MUSKEL
5. BRUSTMUSKELN
6. SAKRALKNOLLE
7. MUSCULUS GLUTEUS SUPERFICIALIS
8. BIZEPS FEMORIS MUSKEL
9. MUSCULUS SEMITENDINOSUS
10. M. SEMIMEMBRANOSUS
11. GRACILIS-MUSKEL
12. GASTROCNEMIUS-MUSKEL
13. TIBIALIS-CRANIALIS-MUSKEL
14. ACHILLESSEHNE

SEKTION 8: DIE MUSKELN DES PFERDES VENTRALER ASPEKT

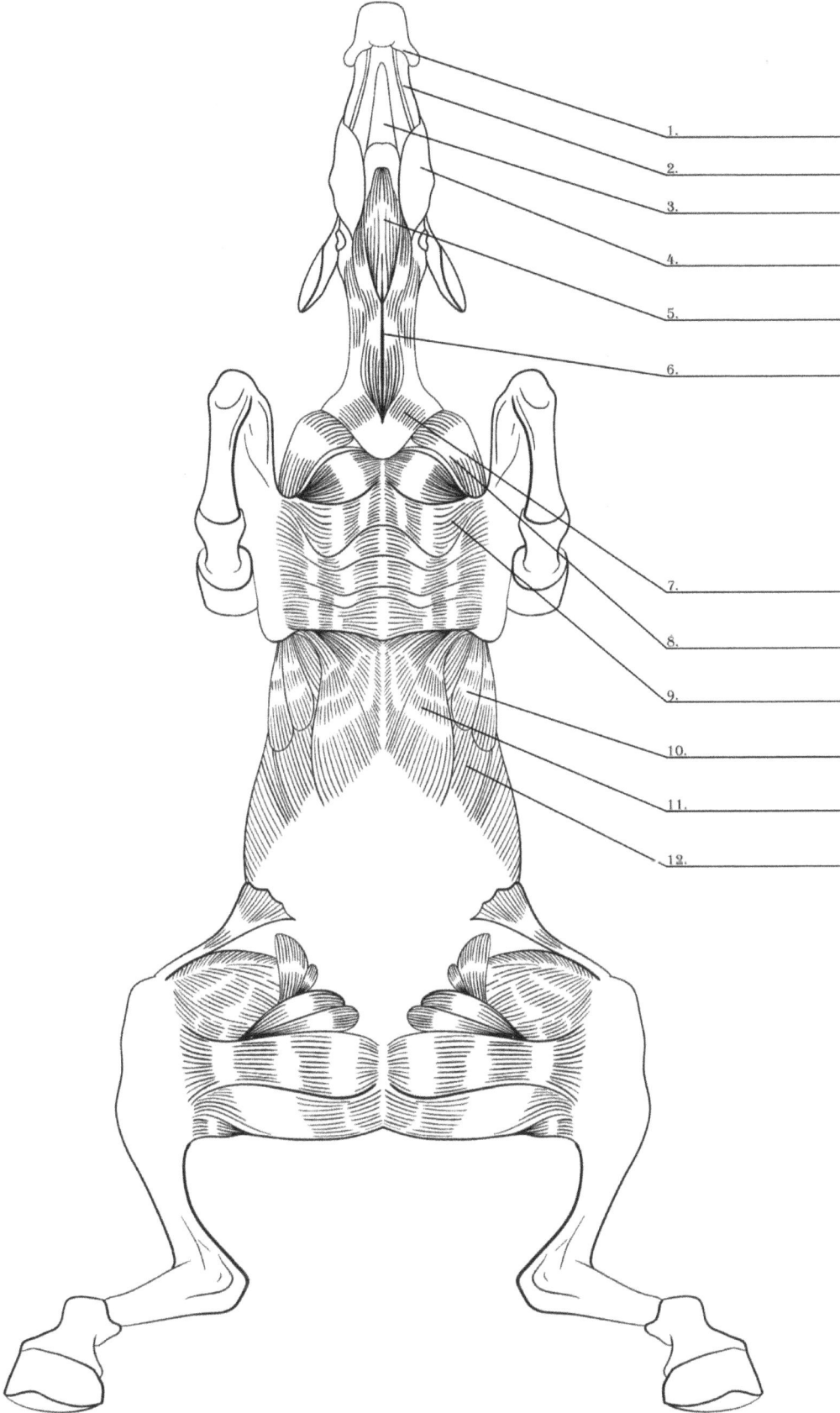

1. _____

2. _____

3. _____

4. _____

5. _____

6. _____

7. _____

8. _____

9. _____

10. _____

11. _____

12. _____

SEKTION 8: DIE MUSKELN DES PFERDES VENTRALER ASPEKT

1M. ORBICULARIS ORIS
2. BUKKINATOR-MUSKEL
3. MUSCULUS MYLOHYOIDEUS
4. MUSKEL MASSIEREN
5. MUSCULUS STERNOHYOIDEUS
6. MUSCULUS STERNOMASTOIDEUS
7. MUSCULUS CUTANEUS COLLI
8. BRACHIOCEPHALICUS-MUSKEL
9. M. PECTORALIS TRANSVERSUS
10. MUSCULUS SERRATUS VENTRALIS
11. M. PECTORALIS PROFUNDUS
12. SCHRÄGER MUSCULUS EXTERNUS ABDOMINIS

SEKTION 9: DIE MUSKELN DES PFERDERÜCKENS

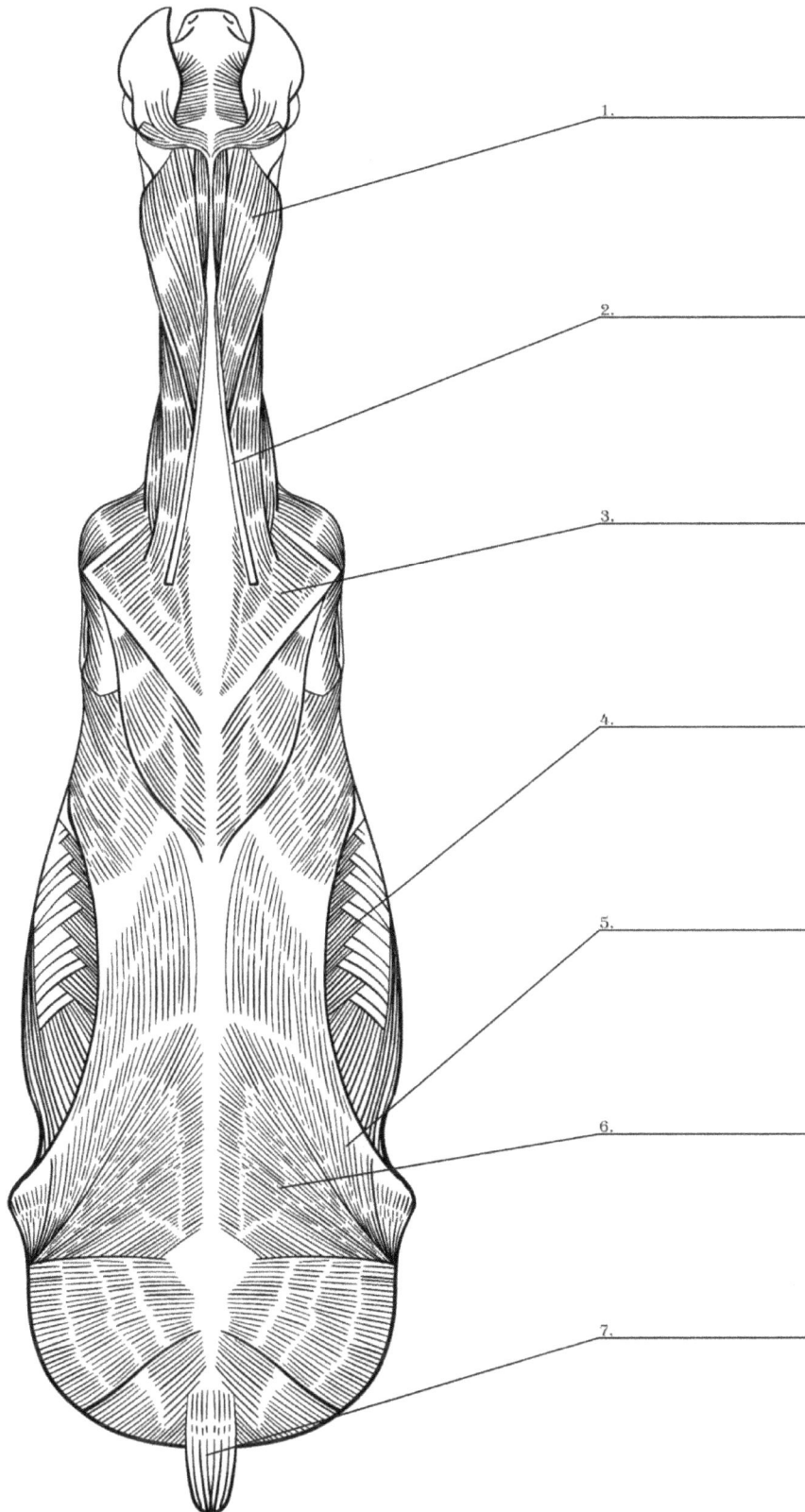

1. _____

2. _____

3. _____

4. _____

5. _____

6. _____

7. _____

SEKTION 9: DIE MUSKELN DES PFERDERÜCKENS

1. MUSKELKOMPLEXUS
2. RHOMBOIDER MUSKEL
3. M. SPINALIS DORSI
4. ÄUßERER ZWISCHENRIPPENMUSKEL
5. SCHRÄGER BAUCHMUSKEL (MUSCULUS ABDOMINIS INTERNUS)
6. MUSCULUS GLUTEUS MEDIUS
7. MUSCULUS SACROCAUDALIS DORALIS MEDIUS

SEKTION 10: INNERE ORGANE DES PFERDES

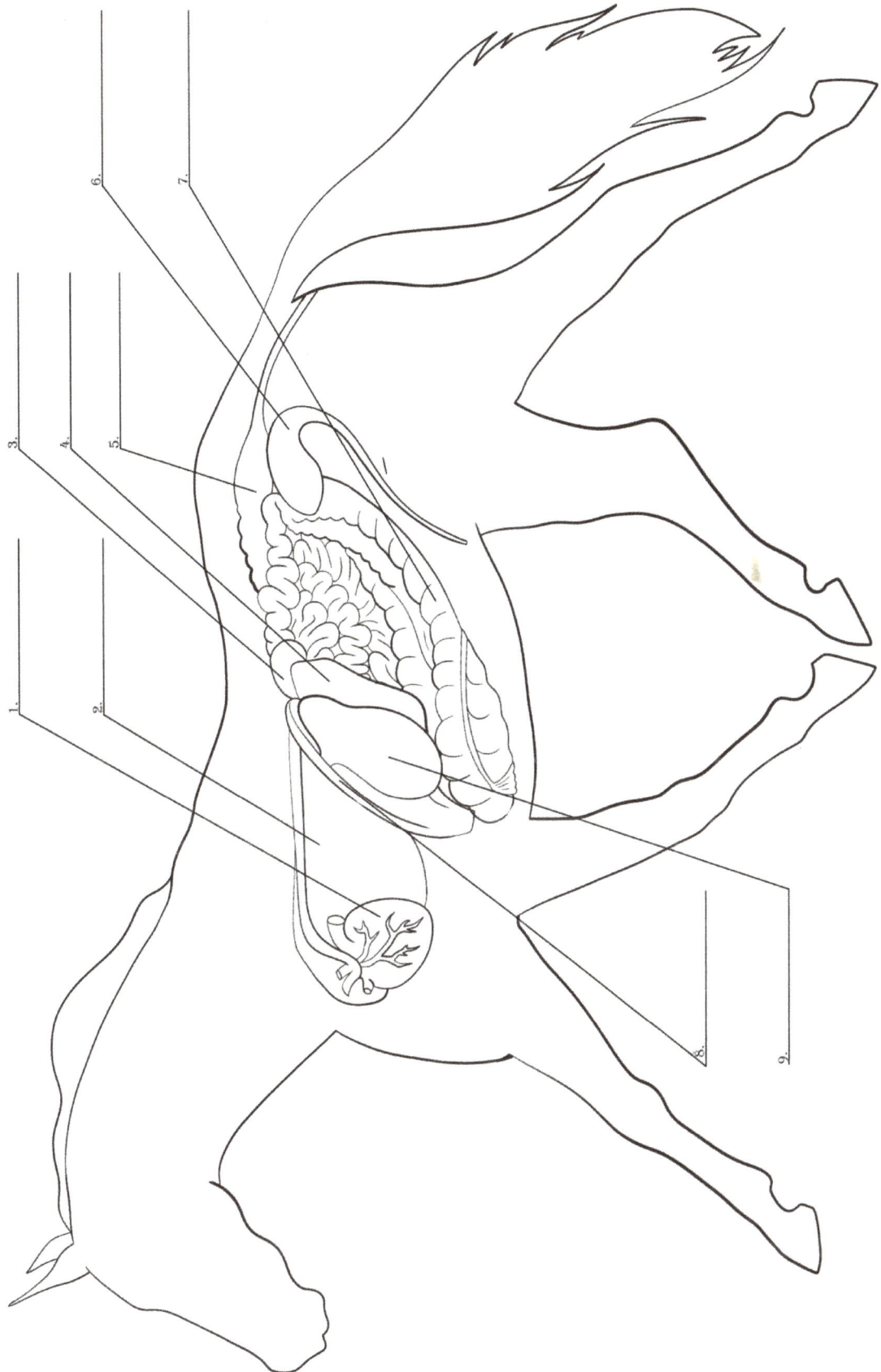

1. HERZ
2. LUNGE
3. NIERE
4. LEBER
5. ENDDARM
6. BLASE
7. DICKDARM
8. ZWERCHFELL
9. MAGEN

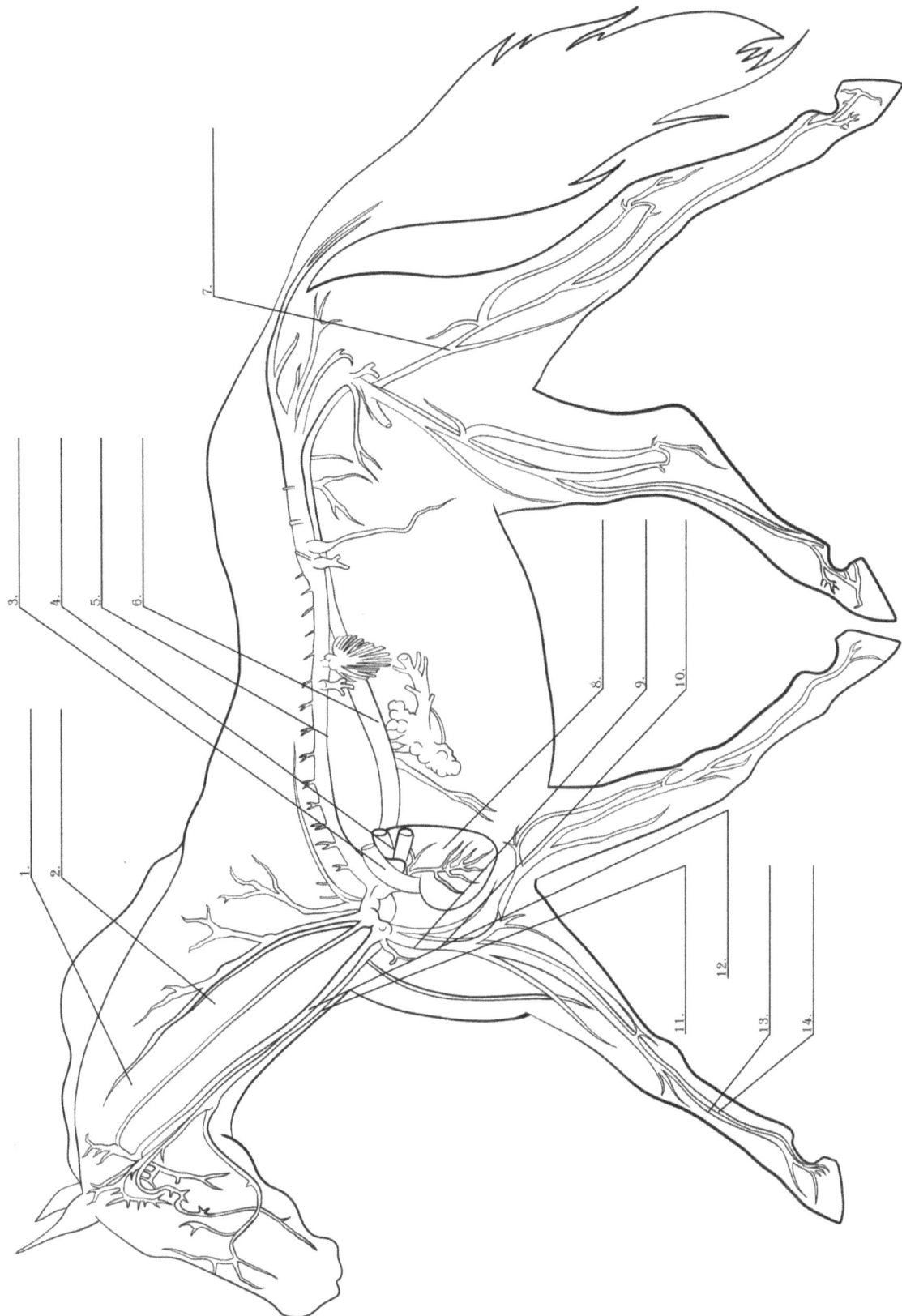

SEKTION 11: BLUTGEFÄßE DES PFERDES

SEKTION 11: BLUTGEFÄßE DES PFERDES

1. HALSARTERIE
2. HALSVENE
3. PULMONALARTERIE
4. PULMONALVENE
5. AORTA
6. HINTERE HOHLVENE
7. OBERSCHENKELVENE
8. HERZ
9. ARTERIA SUBCLAVIA
10. VENA SUBCLAVIA
11. JUGULARVENE
12. ARTERIA CAROTIS
13. PEDIS-ARTERIE
14. FUßVENE

SEKTION 12: NERVEN DES PFERDES

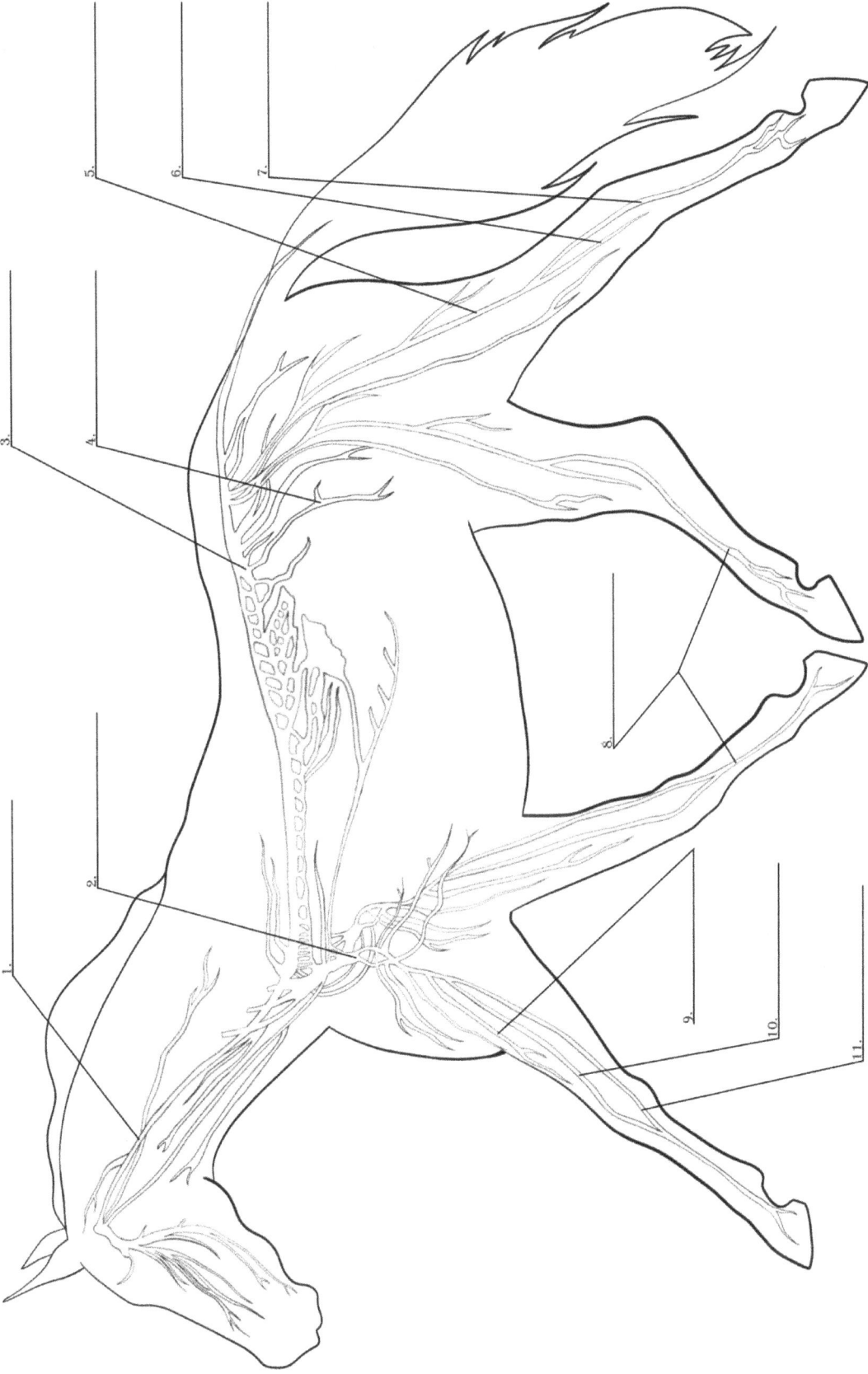

SEKTION 12: NERVEN DES PFERDES

1. RÜCKENMARK
2. PLEXUS BRACHIALIS
3. LUMBOSAKRALER PLEXUS
4. NERVUS FEMORALIS
5. ISCHIASNERV (ISCHIATICUS)
6. PERONEUSNERV
7. TIBIALNERV
8. PALMAR-NERV
9. RADIALNERV
10. MEDIANUSNERV
11. ULNARISNERV

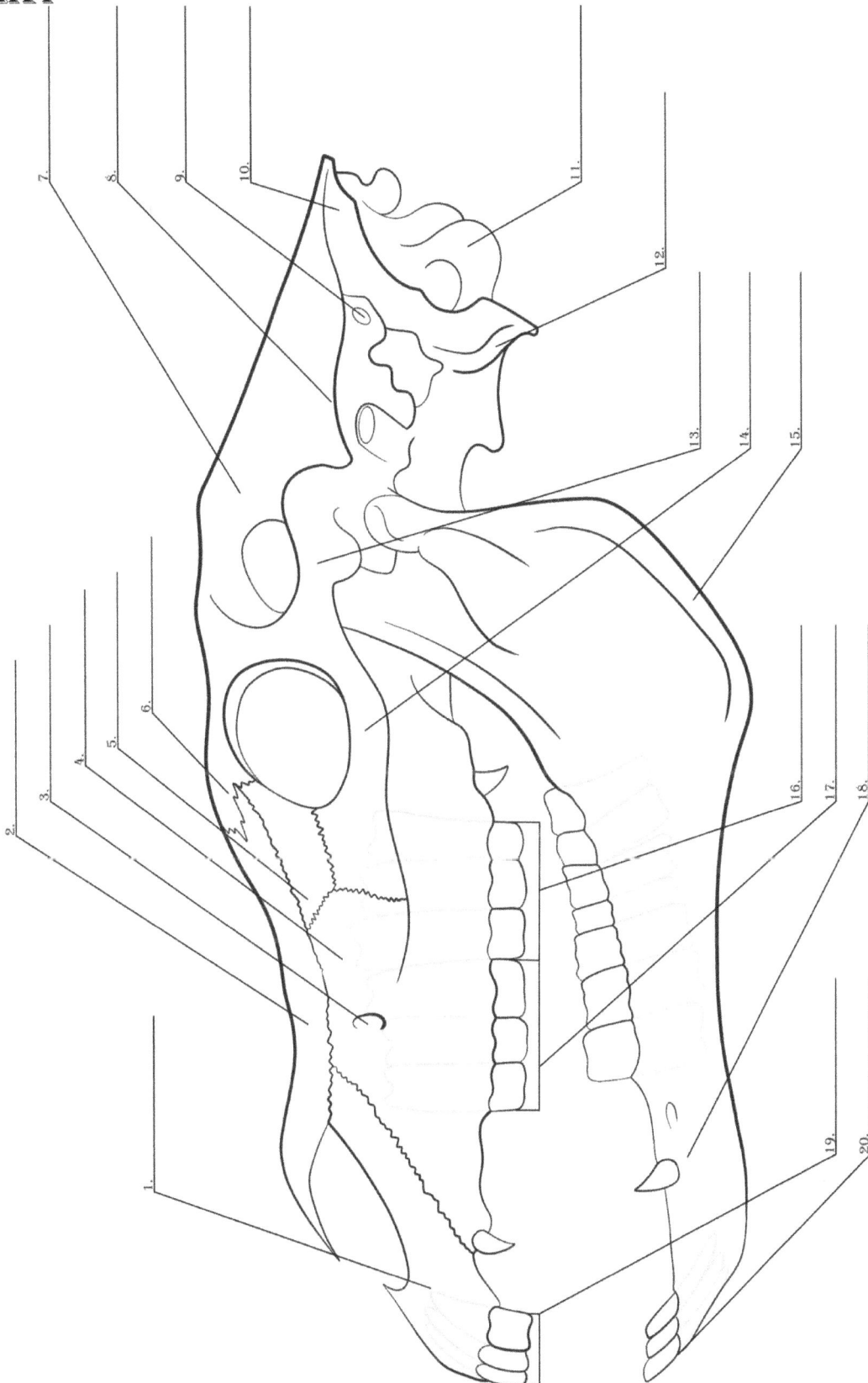

SEKTION 13: DER SCHÄDEL DES PFERDES LATERALER ASPEKT

1. INZISIVALKNOCHEN
2. NASENBEIN
3. INFRAORBITALES LOCH
4. OBERKIEFER
5. TRÄNENBEIN MIT DAHINTER LIEGENDER ORBITA
6. STIRNBEIN
7. SCHEITELBEIN
8. FOSSA TEMPORALIS
9. MEATUS ACUSTICUS EXTERNUS
10. NACKENKAMM
11. KONDYLUS OCCIPITALIS
12. PARAKONDYLARFORTSATZ
13. JOCHBEINBOGEN
14. JOCHBEIN MIT GESICHTSKAMM
15. UNTERKIEFERWINKEL
16. BACKENZÄHNE
17. PRÄMOLARZÄHNE
18. MARGO INTERALVEOLARIS
19. SCHNEIDEZÄHNE
20. SCHNEIDEZÄHNE

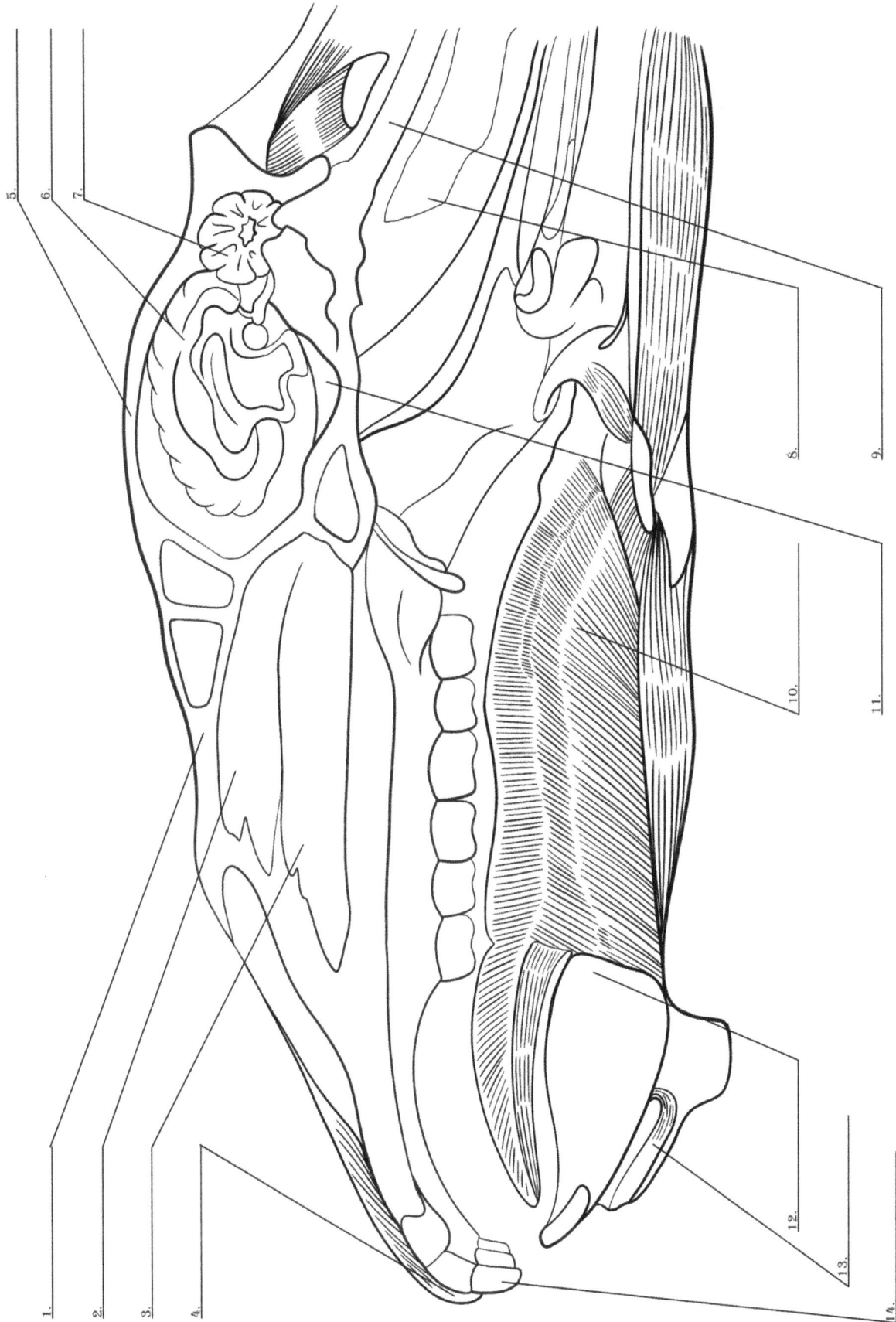

SEKTION 14: INNENSEITE DES PFERDESCHÄDELS LATERALASPEKT

1. NASENBEIN
2. DORSALE OHRMUSCHELN
3. VENTRALE OHRMUSCHELN
4. OBERLIPPE
5. STIRNBEIN
6. GROßHIRN
7. KLEINHIRN
8. ACHSE
9. RÜCKENMARK
10. ZUNGENKÖRPER
11. CHIASMA OPTICUM
12. UNTERKIEFER
13. UNTERLIPPE
14. SCHNEIDEZÄHNE

SEKTION 15: DER SCHÄDEL DES PFERDES DORSALE SEITE

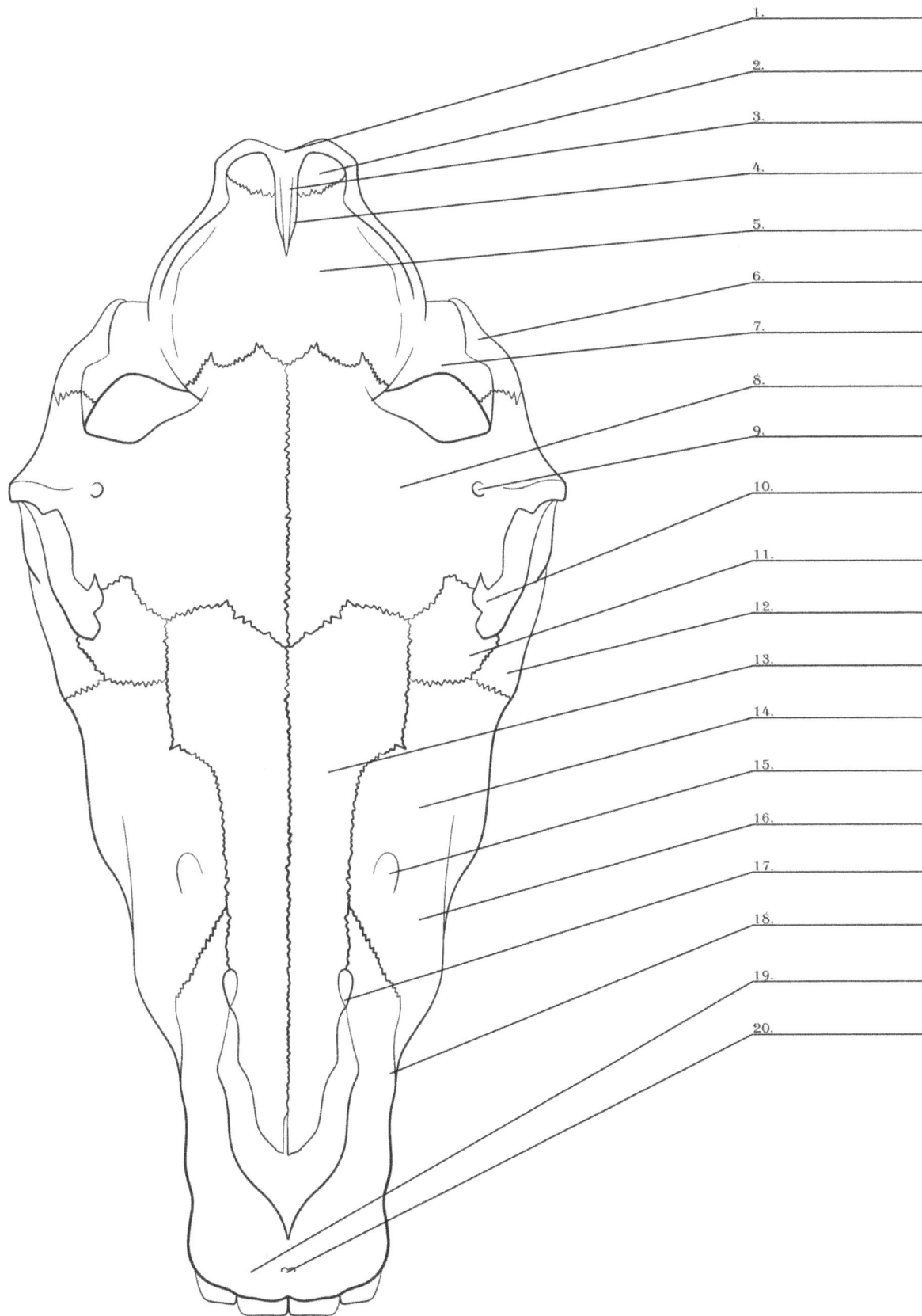

1. _____
2. _____
3. _____
4. _____
5. _____
6. _____
7. _____
8. _____
9. _____
10. _____
11. _____
12. _____
13. _____
14. _____
15. _____
16. _____
17. _____
18. _____
19. _____
20. _____

SEKTION 15: DER SCHÄDEL DES PFERDES DORSALE SEITE

SEKTION 15: DER SCHÄDEL DES PFERDES DORSALE SEITE

1. OBERE NACKENLINIE
2. HINTERHAUPTBEIN
3. SCHEITELBEINKAMM
4. INTERPARIETALKNOCHEN
5. SCHEITELBEIN
6. JOCHBEINBOGEN
7. SCHEITEL-SCHLÄFENBEIN
8. STIRNBEIN
9. FORAMEN SUPRAORBITALE
10. AUGENHÖHLE
11. TRÄNENBEIN
12. JOCHBEIN
13. NASENBEIN
14. OBERKIEFER
15. INFRAORBITALES FORAMEN
16. GESICHTSSCHEITEL
17. NASOMAXILLÄRE KERBE
18. NASENBEIN-SCHNEIDEBEIN
19. SCHNEIDEZAHNKÖRPER
20. FORAMEN INCISIVUM

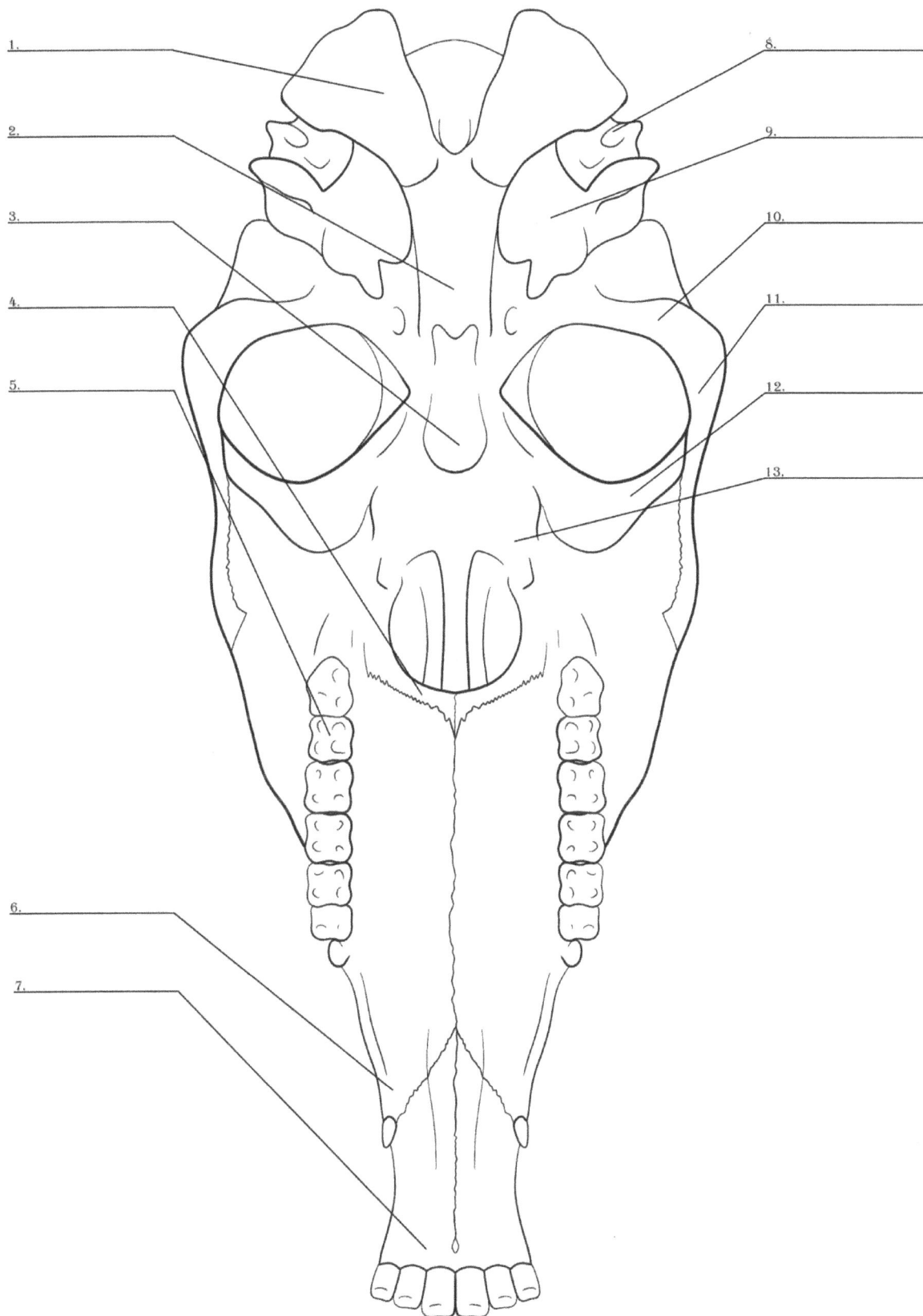

1.

2.

3.

4.

5.

6.

7.

8.

9.

10.

11.

12.

13.

SEKTION 16: DER SCHÄDEL DES PFERDES VENTRALER ASPEKT

1. FORAMEN MAGNUM
2. HINTERHAUPTBEIN
3. BASIS-PHENOID-KNOCHEN
4. GAUMENKNOCHEN
5. ZÄHNE
6. OBERKIEFER
7. SCHNEIDEZAHNBEIN
8. JUGULARFORTSATZ
9. FORAMEN LACERUM
10. KAUDALES ALAR-FORAMEN
11. JOCHBEIN
12. ORBITALFISSUR
13. HAMULUS DES PTERYGOIDBEINS

SEKTION 17: DIE MUSKELN DES KOPFES SEITLICHER ASPEKT

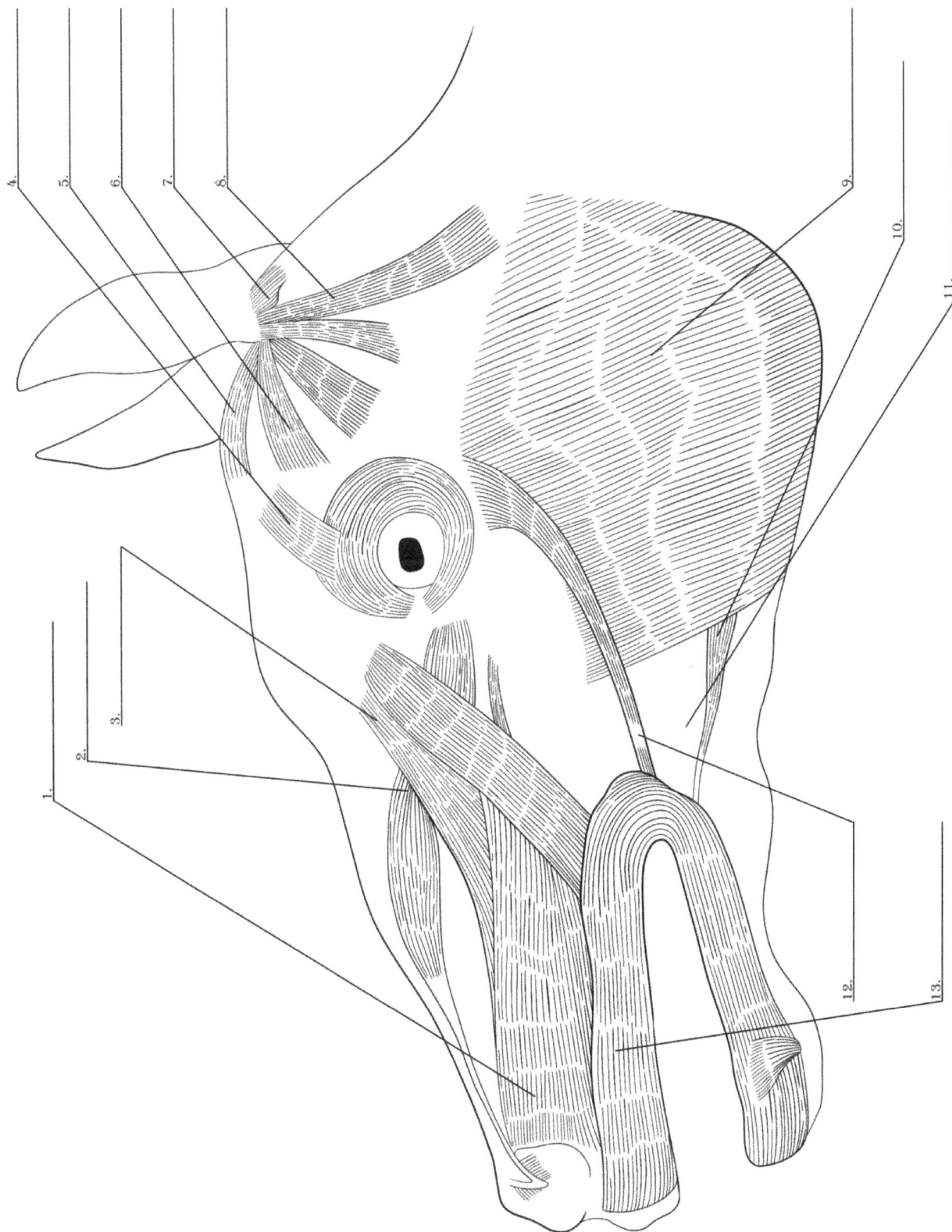

SEKTION 17: DIE MUSKELN DES KOPFES SEITLICHER ASPEKT

1CANINUS MUSKEL

2. M. LEVATOR LABII MAXILLARIS

3. MUSCULUS LEVATOR NASOLABIALIS

4. MUSCULUS LEVATOR ANGULI MEDIALIS

5. MUSCULUS INTERSCUTULARIS

6. PARS TEMPORALIS DES M. FRONTOSCUTULARIS

7. M. CERVICOAURICULARIS

8. PARTOIDOAURICULARIS-MUSKEL

9. MUSKEL MASSIEREN

10. M. DEPRESSOR LABII MANDIBULARIS

11. BUKKALIS-MUSKEL

12. JOCHBEINMUSKEL

13. M. ORBICULARIS ORIS

SEKTION 18: DIE MUSKELN DES KOPFES DORSAL

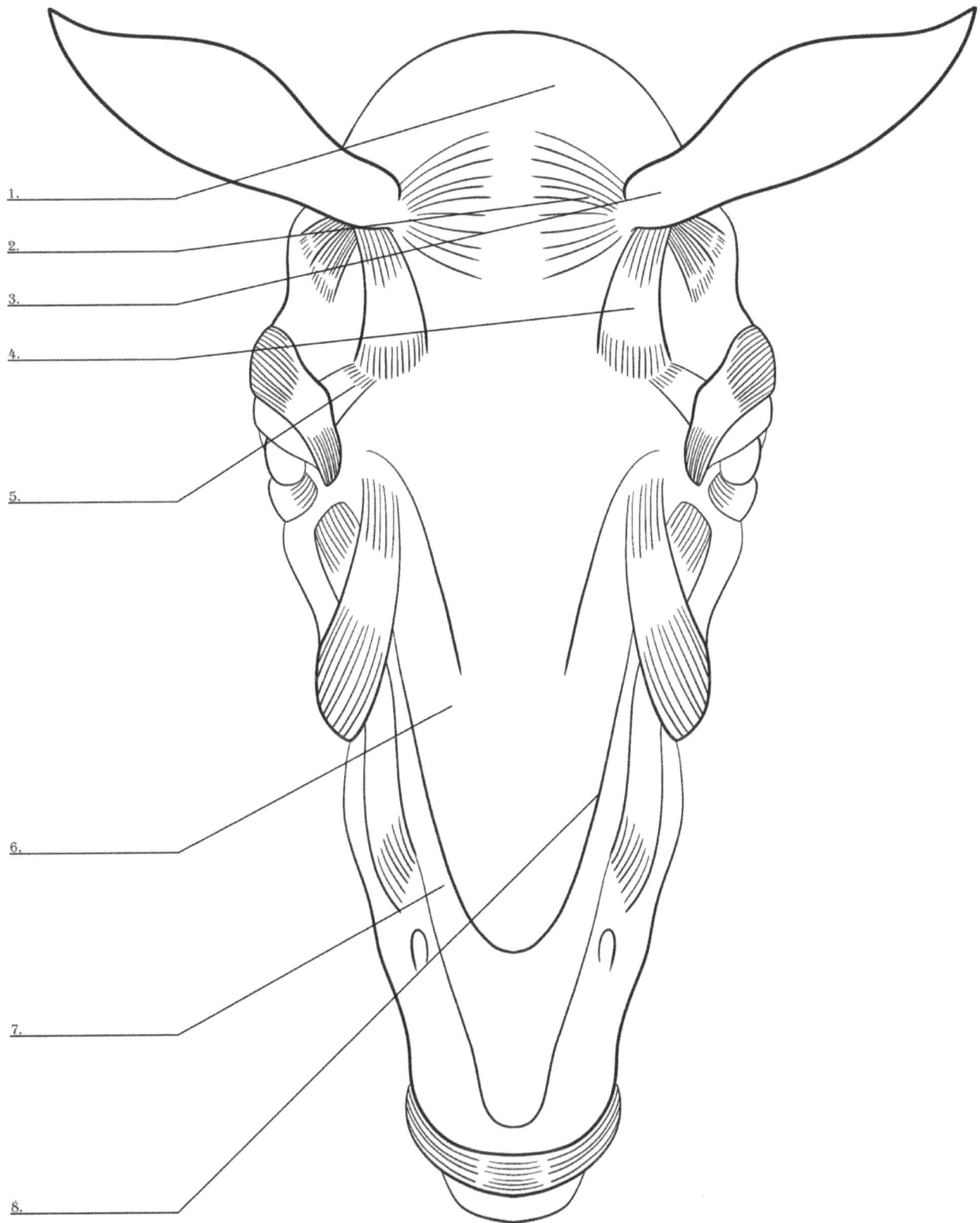

1.

2.

3.

4.

5.

6.

7.

8.

SEKTION 18: DIE MUSKELN DES KOPFES DORSAL

1. MUSCULUS PERVICOAURICOLARIS SUPERFICIALIS
2. MUSCULUS INTERSCUTULARIS
3. MUSCULUS SCUTULOAURICULARIS
4. MUSCULUS FRONTOSCUTULARIS
5. MUSCULUS LEVATOR ANGULI MEDIALIS
6. MUSCULUS LEVATOR NASOLABIALIS
7. MUSCULUS LATERALIS NASI
8. M. LEVATOR LABII MAXILLARIS

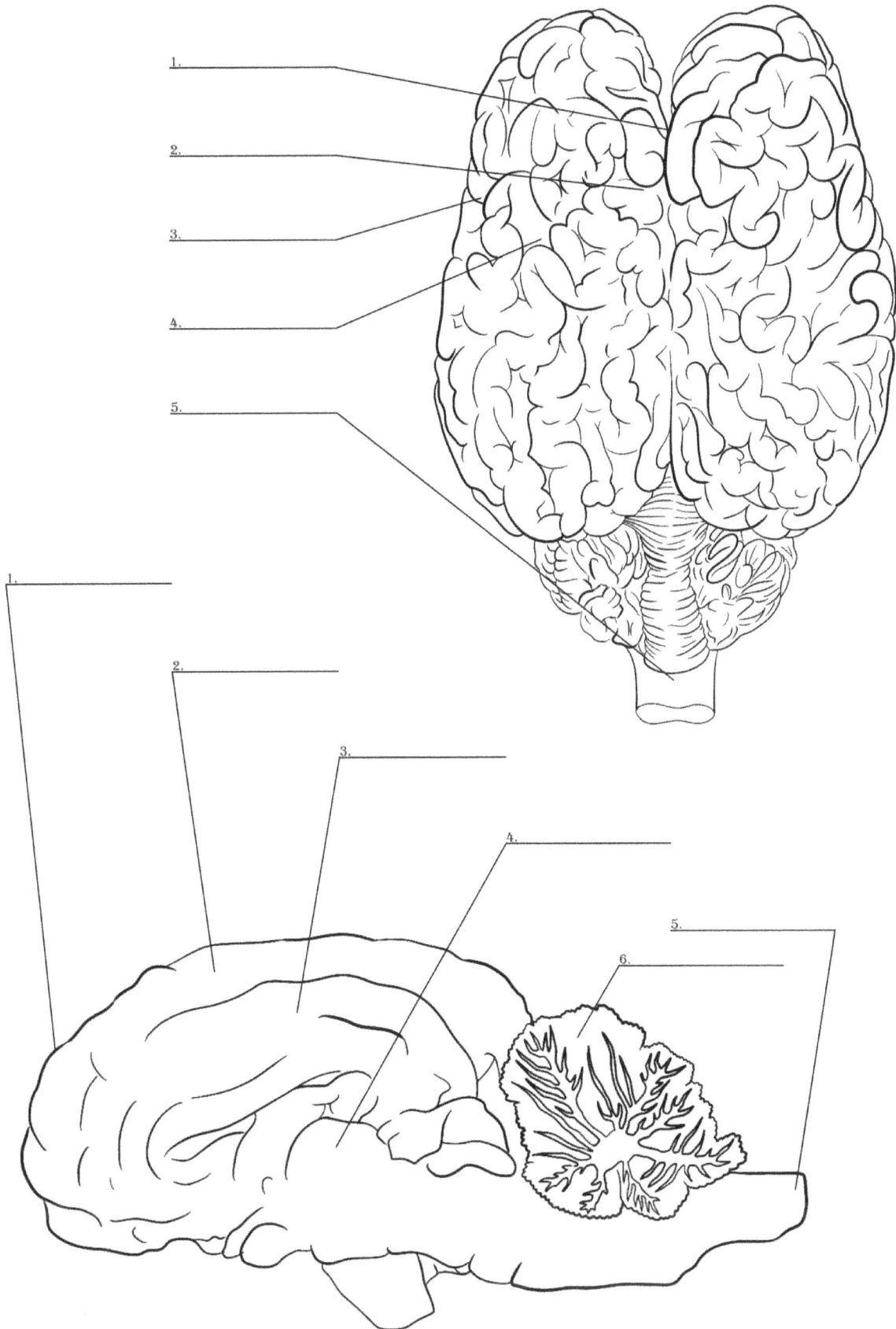

1.

2.

3.

4.

5.

1.

2.

3.

4.

5.

6.

1. GROßE LÄNGSSPALTE ZWISCHEN DEN HEMISPHÄREN DES GROßHIRNS
2. KREUZSPALTE
3. LATERALE FISSUR
4. GROßE SCHRÄGE FISSUR
5. MEDULLA OBLONGATA
6. KLEINHIRN

SEKTION 20: DAS AUGE DES PFERDES

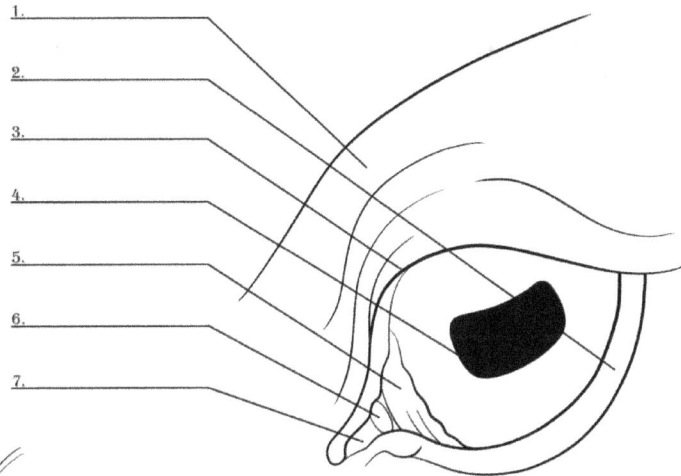

1.
2.
3.
4.
5.
6.
7.

FIBROUS TUNIC:

8.
9.
10.
11.
12.
13.
14.
15.
16.
17.
18.
19.
20.
21.

RETINA:

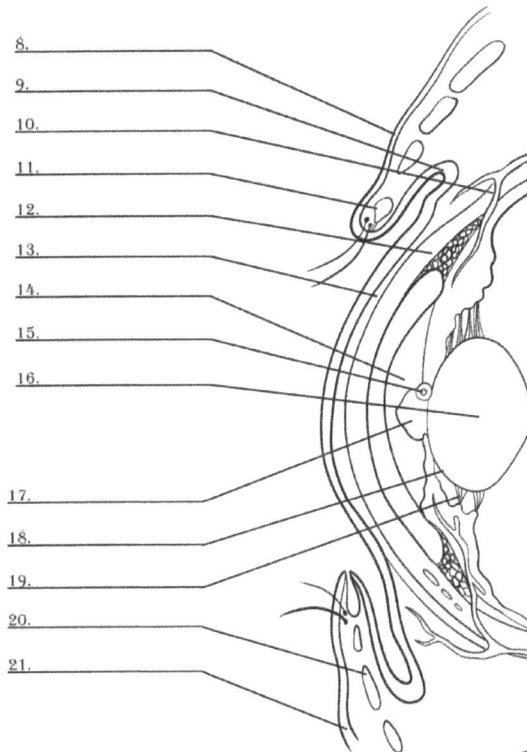
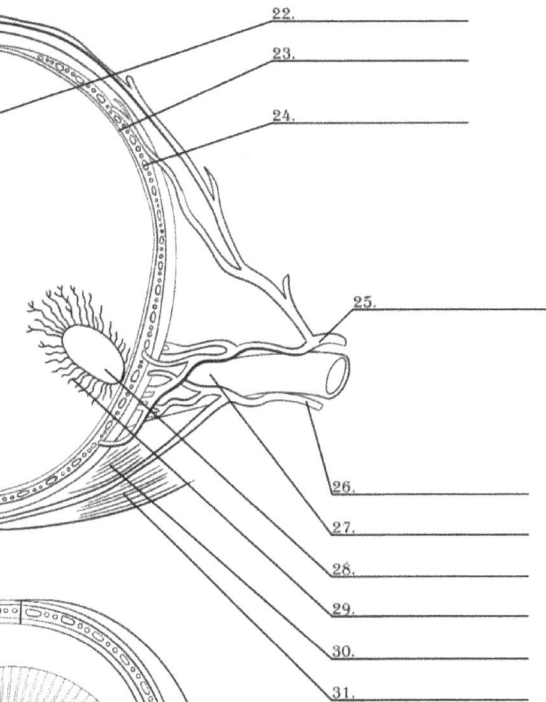

22.
23.
24.
25.
26.
27.
28.
29.
30.
31.

CILIARY BODY:

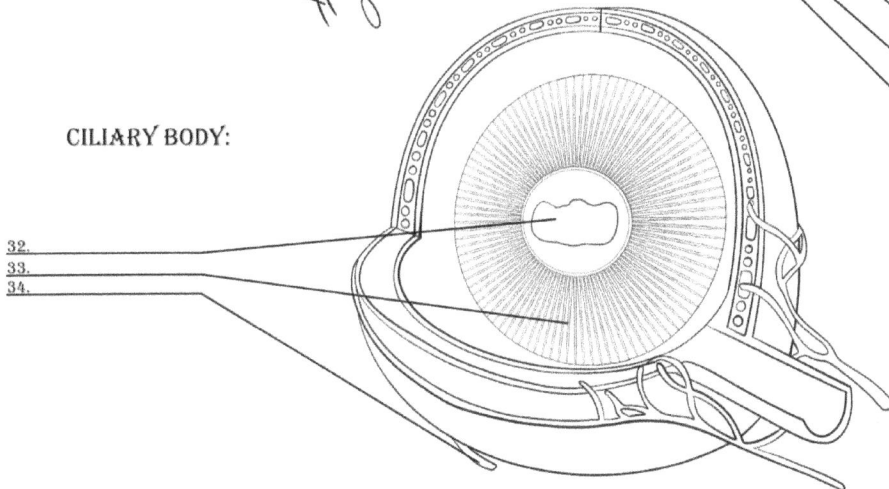

32.
33.
34.

SEKTION 20: DAS AUGE DES PFERDES

1. SUPRAORBITALBEREICH
2. SEITLICHER WINKEL DES AUGES
3. WIMPERNRAND DES OBEREN AUGENLIDS
4. REGENBOGENHAUT
5. 3. AUGENLID
6. TRÄNENSACKWULST
7. MEDIALER WINKEL DES AUGES

FASERIGE TUNIKA:
8. OBERES AUGENLID
9. BULBÄRE BINDEHAUT
10. SKLERA
11. TARSALDRÜSEN
12. LIMBUS
13. HORNHAUT
14. REGENBOGENHAUT
15. IRIDOKÖRNER
16. LINSE
17. PUPILLE
18. LINSENKAPSEL
19. ZONULAFASERN
20. AUGENHÖHLE (ORBICULARIS OCULI)
21. UNTERES AUGENLID

NETZHAUT:
22. BLINDER TEIL
23. OPTISCHER TEIL
24. ADERHAUT
25. ÄUßERE AUGENARTERIE (ARTERIA OPHTHALMICA)
26. INNERE AUGENARTERIE
27. SEHNERV
28. SEHNERVENKOPF
29. NETZHAUTGEFÄßE
30. RECTUS VENTRALIS
31. RETRAKTOR BULBI

ZILIARKÖRPER:
32. RADII LENTIS
33. ZILIARKRONE
34. VENTRALE VENEN

SEKTION 21: DIE LIPPEN UND DIE NASE DES PFERDES

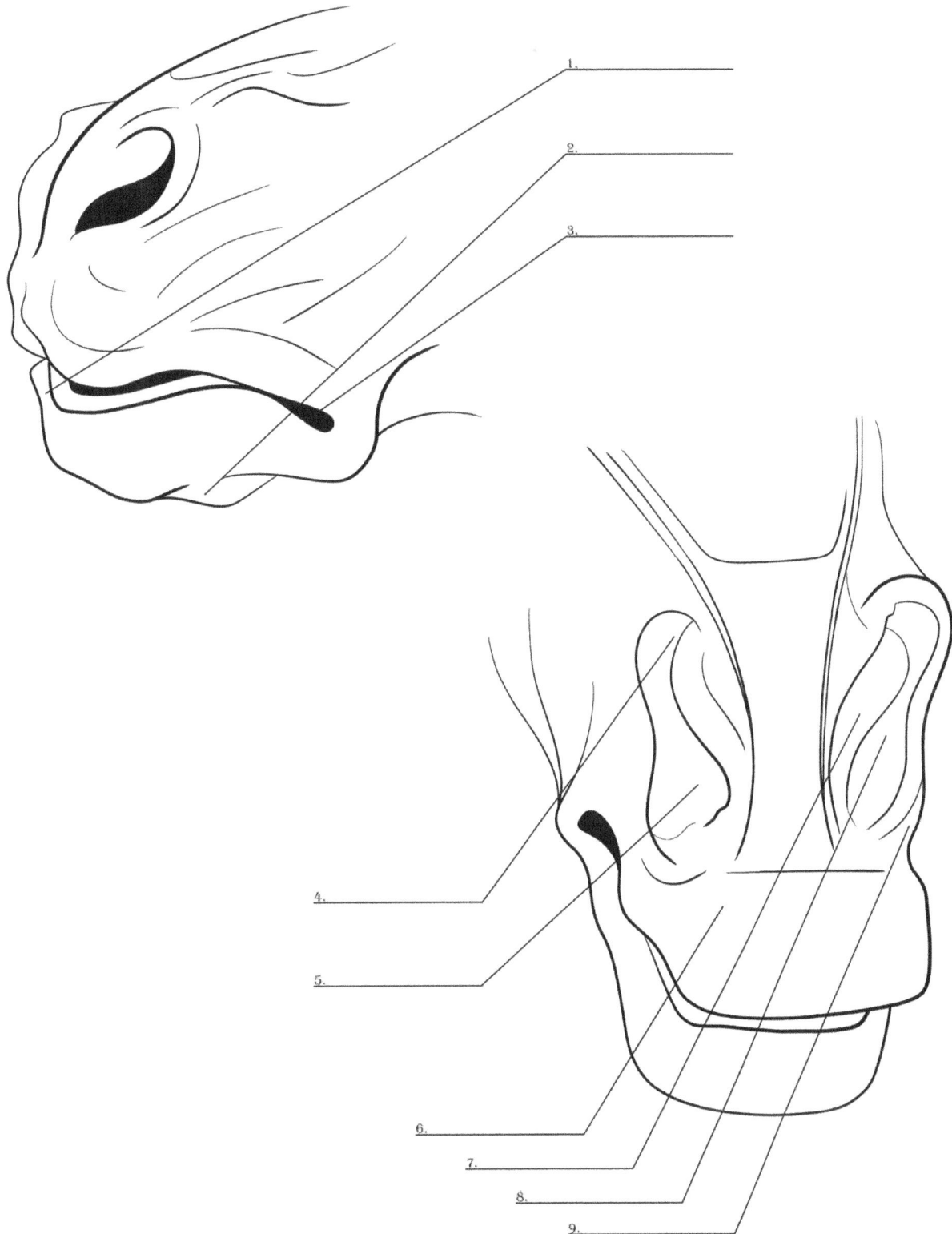

1.

2.

3.

4.

5.

6.

7.

8.

9.

SEKTION 21: DIE LIPPEN UND DIE NASE DES PFERDES

1. UNTERLIPPE
2. MENTALER PUNKT
3. MUNDWINKEL
4. FALSCHES NASENLOCH (DIVERTIKEL)
5. WAHRES NASENLOCH
6. NASOLABIALER BEREICH
7. SEITLICHER FLÜGEL DER NASENLÖCHER
8. NASALE ÖFFNUNG DES DUCTUS NASOLACRIMALIS
9. MEDIALER FLÜGEL DES NASENLOCHS

SEKTION 22: DIE OHREN DES PFERDES

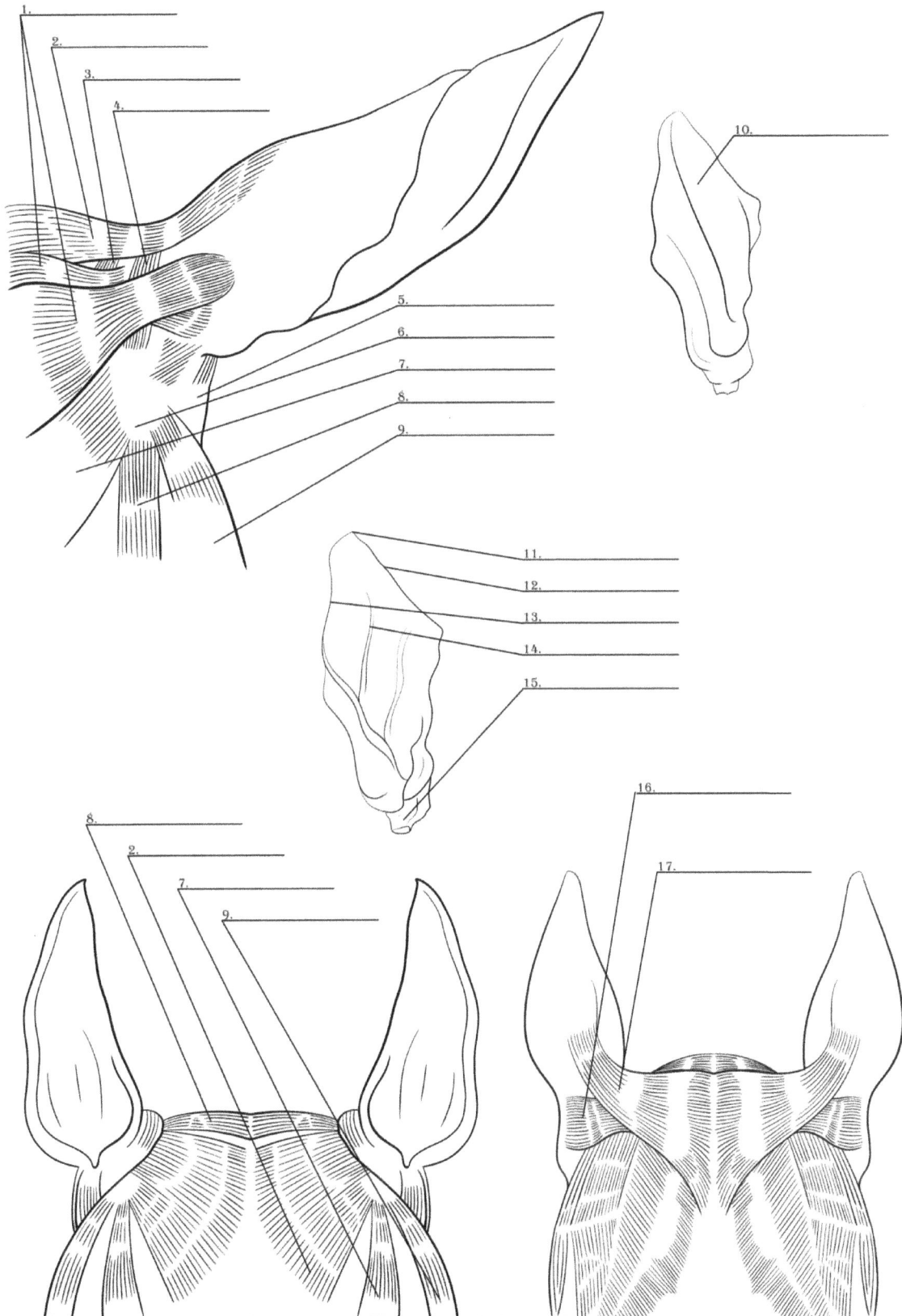

1.
2.
3.
4.

5.
6.
7.
8.
9.

10.

11.
12.
13.
14.
15.

8.
2.
7.
9.

16.
17.

SEKTION 22: DIE OHREN DES PFERDES

1. MUSCULUS INTER/PARIETOAURICULARIS
2. M. CERVICOAURICULARIS
3. MUSCULUS ROTATOR AURIS LONGUS
4. MUSCULUS SCUTULOAURICULARIS
5. PAROTIDEOAURICULARIS-MUSKEL
6. SKUTULARKNORPEL
7. MUSCULUS FRONTOSCUTULARIS
8. MUSCULUS PARIETOSCUTULARIS
9. MUSCULUS ZYGOMATICOSCUTELLARIS
10. KAUDALE OBERFLÄCHE DES OHRMUSCHELKNORPELS
11. SCHEITELPUNKT DES OHRMUSCHELKNORPELS
12. ROSTRALER RAND DES OHRMUSCHELKNORPELS
13. KAUDALER RAND DES OHRMUSCHELKNORPELS
14. HOHLRAUM DES OHRMUSCHELKNORPELS
15. ÄUßERER GEHÖRGANGSKNORPEL
16. M. CERVICOAURICULARIS PROFUNDUS
17. M. CERVICOAURICULARIS SUPERFICIALIS

SEKTION 23: THORAXGLIEDMAße LATERALE SEITE

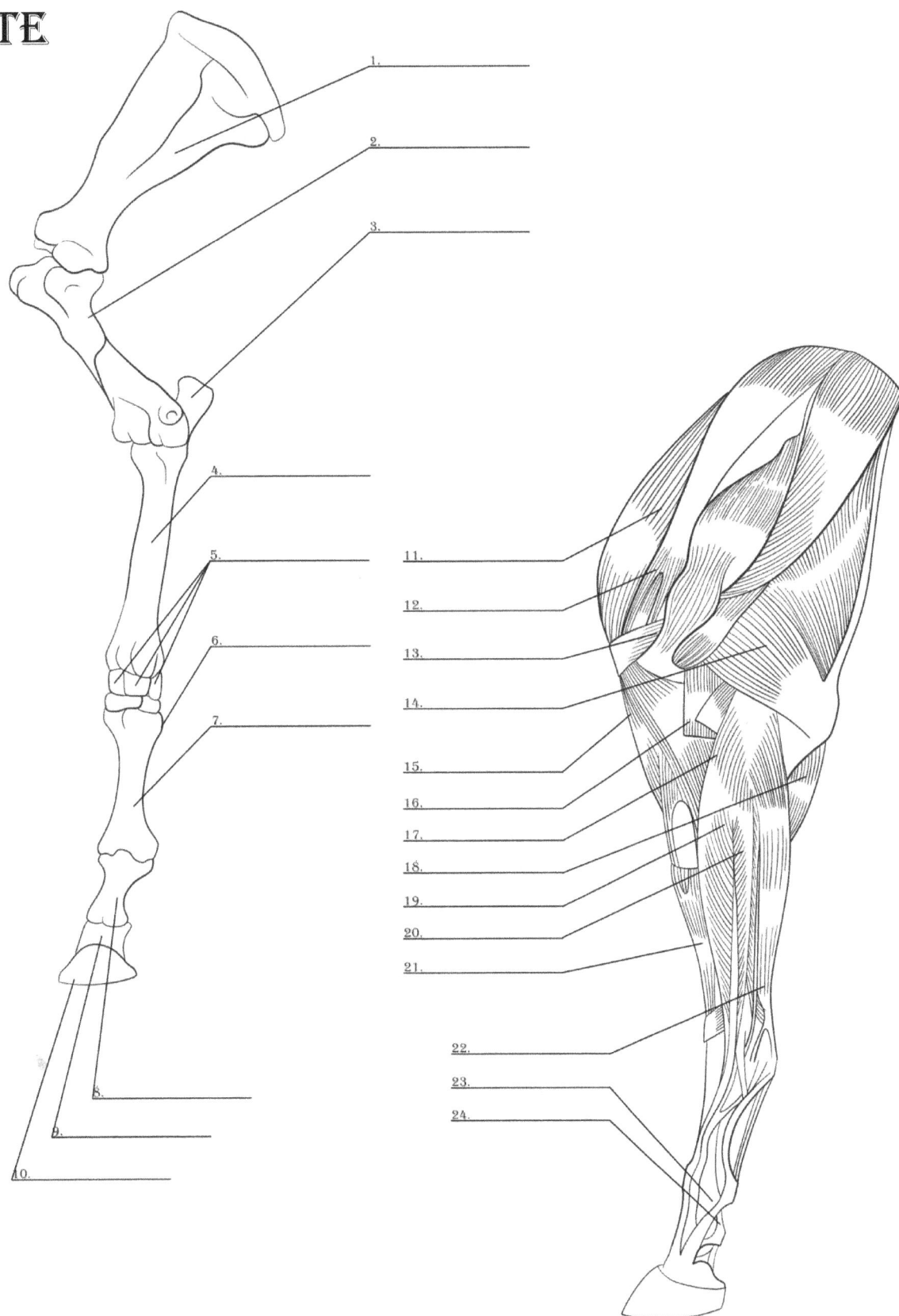

1. _____

2. _____

3. _____

4. _____

5. _____

6. _____

7. _____

8. _____

9. _____

10. _____

11. _____

12. _____

13. _____

14. _____

15. _____

16. _____

17. _____

18. _____

19. _____

20. _____

21. _____

22. _____

23. _____

24. _____

SEKTION 23: THORAXGLIEDMAßE LATERALE SEITE

1. SCHULTERBLATT
2. OBERARMKNOCHEN
3. OLEKRANON
4. RADIUS
5. HANDWURZELKNOCHEN
6. 4. MITTELHANDKNOCHEN
7. 3. MITTELHANDKNOCHEN
8. PROXIMALE PHALANX
9. MITTLERE PHALANX
10. DISTALE PHALANX

11. SUPRASPINATUS-MUSKEL
12. INFRASPINATUS-MUSKEL
13. DELTOIDEUS-MUSKEL
14. MUSKEL TRICEPS BRACHII
15. M. BICEPS BRACHII
16. MUSCULUS BRACHIALIS
17. MUSCULUS EXTENSOR CARPI RADIALIS
18. FLEXOR DIGITORUM PROFUNDUS MUSKEL
19. M. EXTENSOR DIGITORUM COMMUNIS
20. EXTENSOR DIGITORUM LATERALIS MUSKEL
21. M. ABDUCTOR POLLICIS LONGUS
22. EXTENSOR CARPI ULNARIS MUSKEL
23. MUSCULUS INTEROSSEUS MEDIUS
24. FLEXOR DIGITORUM SUPERFICIALIS MUSKEL

SEKTION 24: THORAXGLIEDMAßEN KRANIALER ASPEKT

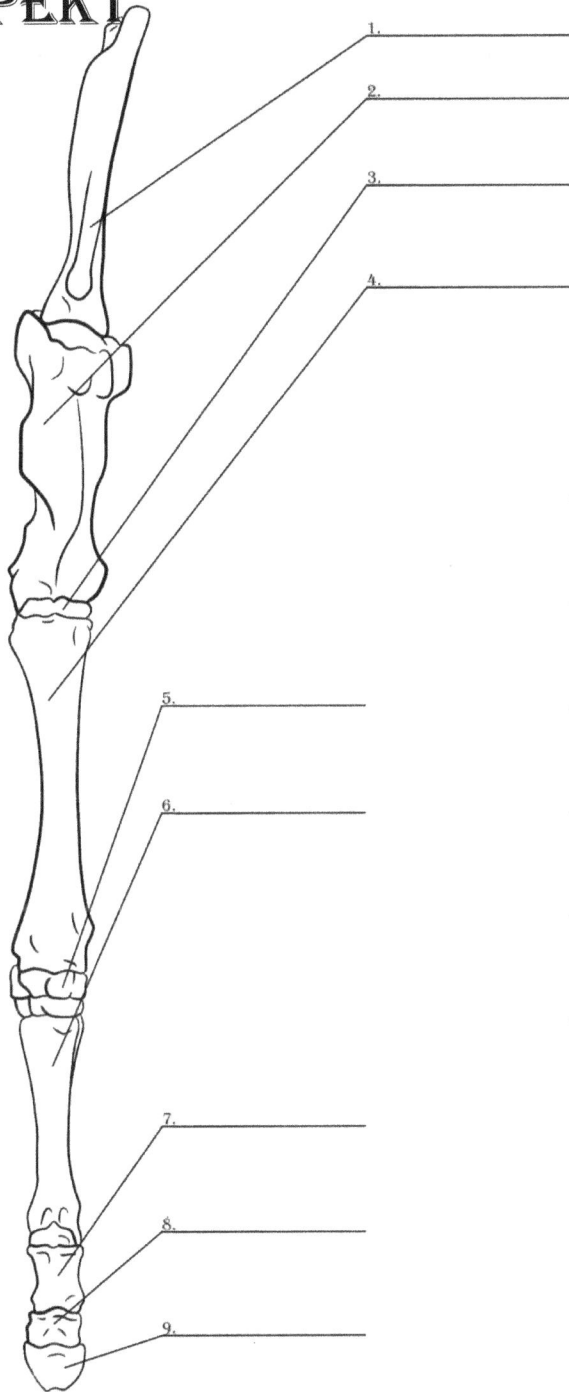
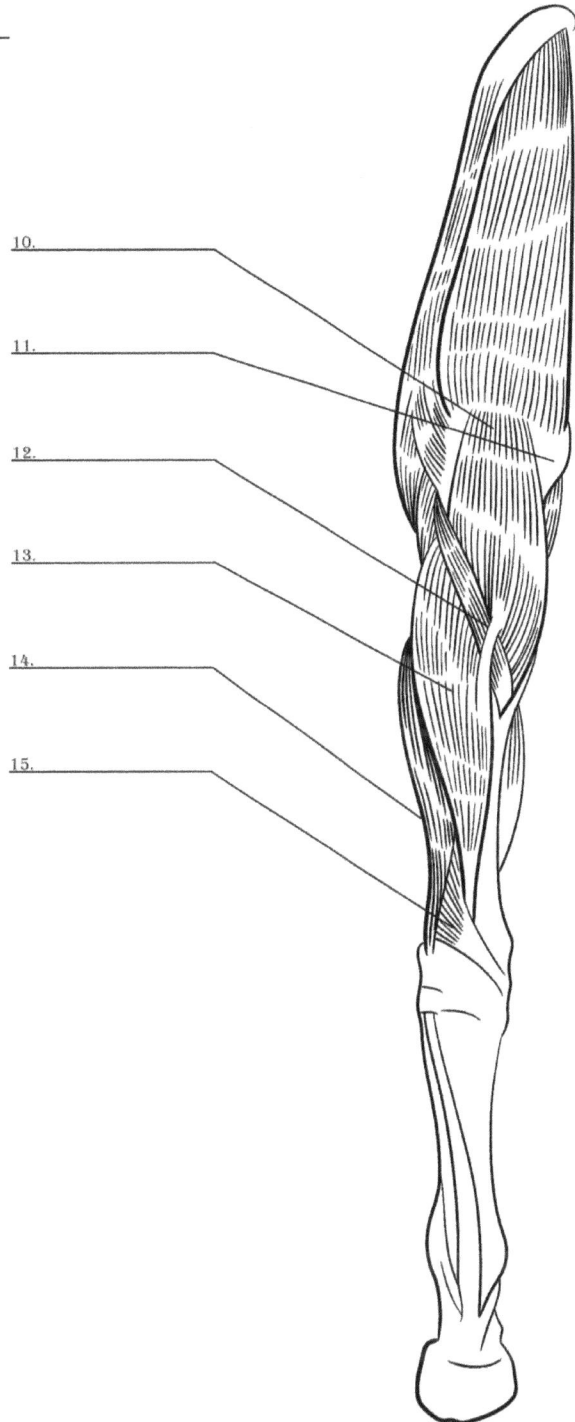

1.

2.

3.

4.

5.

6.

7.

8.

9.

10.

11.

12.

13.

14.

15.

SEKTION 24: THORAXGLIEDMAßEN KRANIALER ASPEKT

1. SCHULTERBLATT
2. OBERARMKNOCHEN
3. ELLENBOGENGELENK
4. SPEICHE
5. KNIE
6. RÖHRENKNOCHEN
7. LANGER FESSELKNOCHEN
8. KURZER FESSELKNOCHEN
9. FUßWURZELKNOCHEN

10. M. BICEPS BRACHII
11. DELTOIDEUS-MUSKEL
12. MUSCULUS BRACHIALIS
13. MUSCULUS EXTENSOR CARPI RADIALIS
14. MUSCULUS EXTENSOR DIGITORUM COMMUNIS
15. MUSCULUS ABDUCTOR POLLICIS LONGUS

SEKTION 25: BECKENSCHENKEL SEITLICHE SEITE

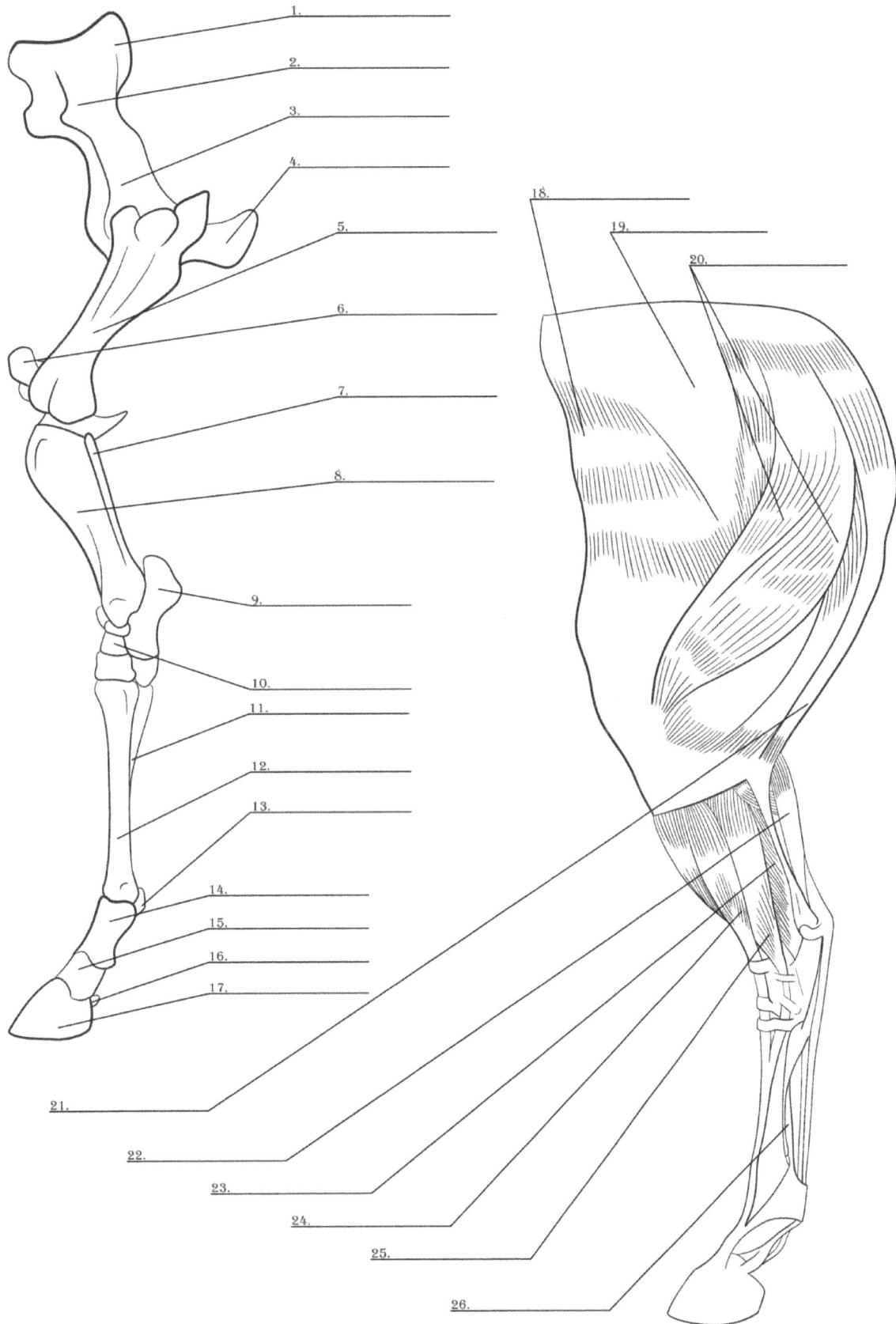

1.

2.

3.

4.

5.

6.

7.

8.

9.

10.

11.

12.

13.

14.

15.

16.

17.

18.

19.

20.

21.

22.

23.

24.

25.

26.

SEKTION 25: BECKENSCHENKEL SEITLICHE SEITE

1. SAKRALTUBEROSITAS
2. FLÜGEL DES DARMBEINS
3. BECKEN
4. SPITZE DES GESÄßES
5. OBERSCHENKELKNOCHEN
6. KNIESCHEIBE
7. FIBULA
8. SCHIENBEIN
9. FERSENBEIN
10. FUßWURZELN
11. SCHIENENKNOCHEN
12. KANONENBEIN
13. PROXIMALES SESAMBEIN
14. LANGE FESSELUNG
15. KURZER FESSELKOPF
16. KAHNBEIN
17. HUFBEIN

18. TENSOR FASCIAE LATAE MUSKEL
19. MUSCULUS GLUTEUS SUPERFICIALIS
20. BIZEPS FEMORIS MUSKEL
21. MUSCULUS SEMITENDINOSUS
22. GASTROCNEMIUS-MUSKEL
23. MUSCULUS TIBIALIS CAUDALIS
24. M. EXTENSOR DIGITORUM LONGUS
25. EXTENSOR DIGITORUM LATERALIS MUSKEL
26. MUSCULUS INTEROSSEUS MEDIUS

SEKTION 26: BECKENGLIEDMAßEN KRANIALER ASPEKT

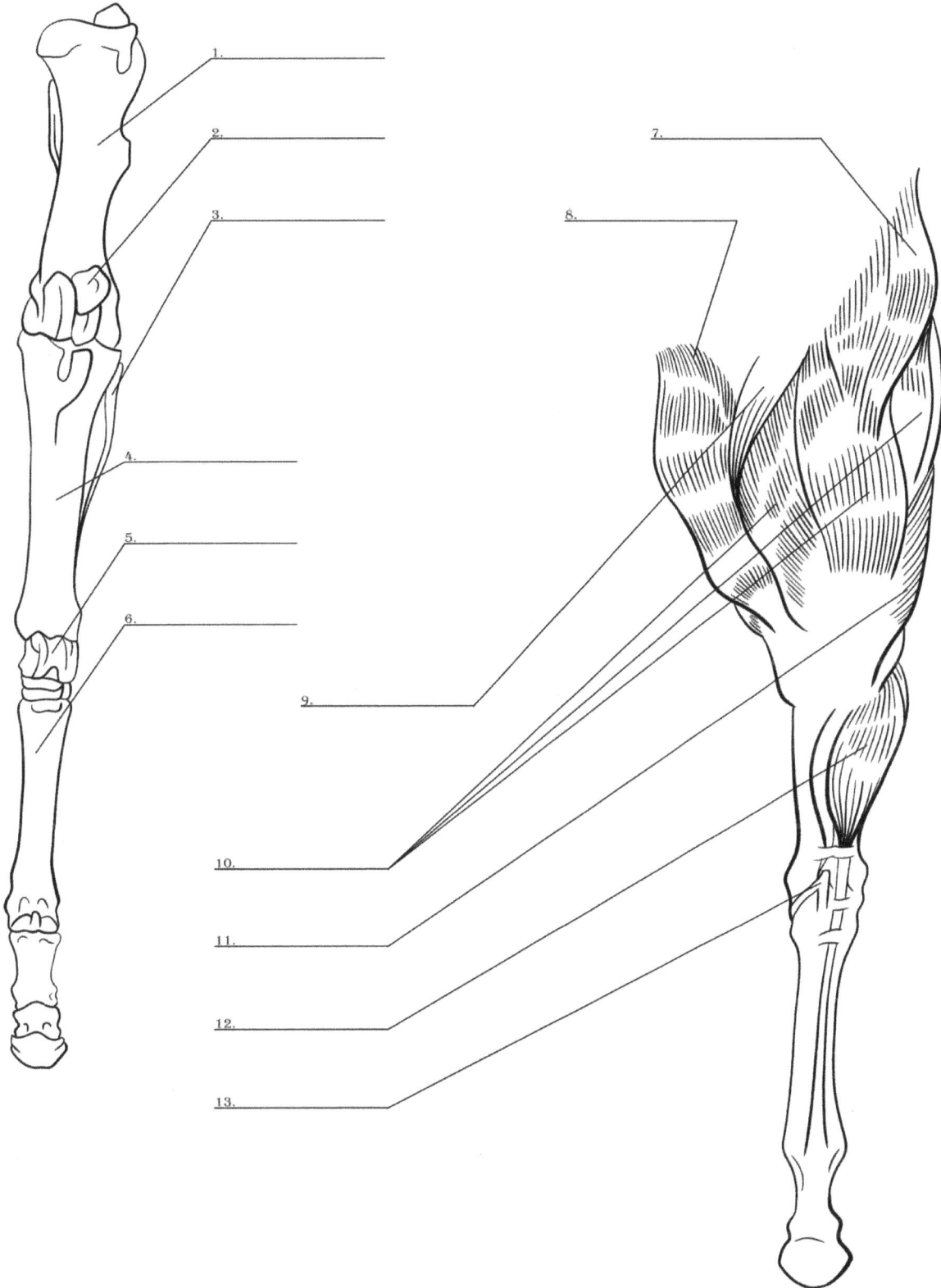

1. _____

2. _____

3. _____

4. _____

5. _____

6. _____

7. _____

8. _____

9. _____

10. _____

11. _____

12. _____

13. _____

1. OBERSCHENKEL
2. KNIESCHEIBE
3 FIBELN
4. SCHIENBEIN
5. FUßWURZELN
6. KANONENBEIN
7. TENSOR FASCIAE LATAE MUSKEL
8. GRACILIS-MUSKEL
9. MUSCULUS SARTORIUS
10. M. QUADRICEPS FEMORIS
11. BICEPS FEMORIS MUSKEL
12. M. EXTENSOR DIGITORUM LONGUS
13. SEHNE DES SCHIENBEINKOPFMUSKELS

SEKTION 27: DER HUF DES PFERDES 1

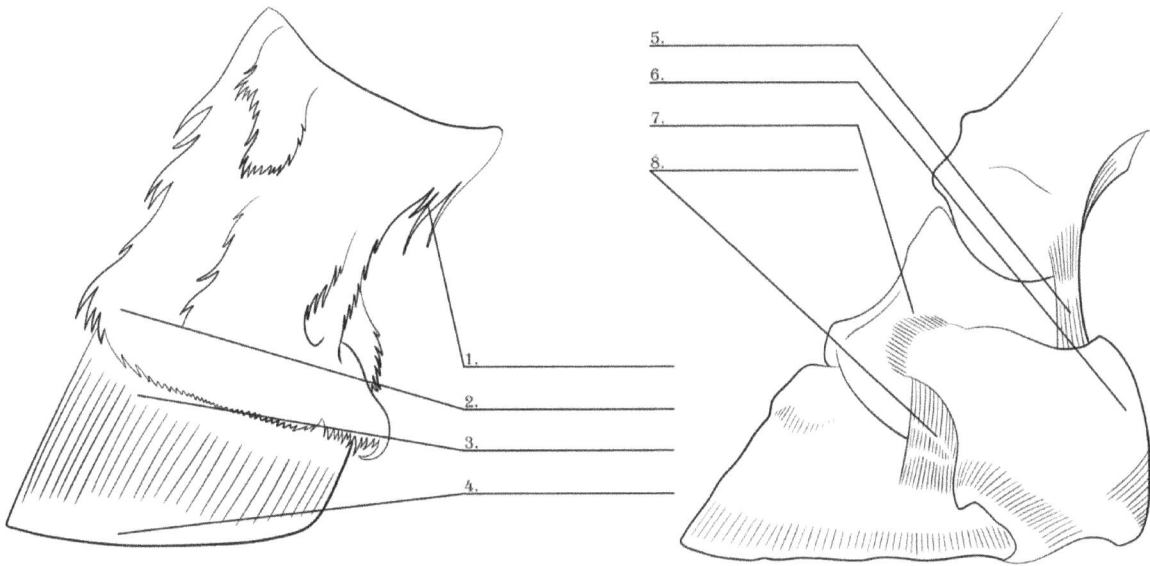

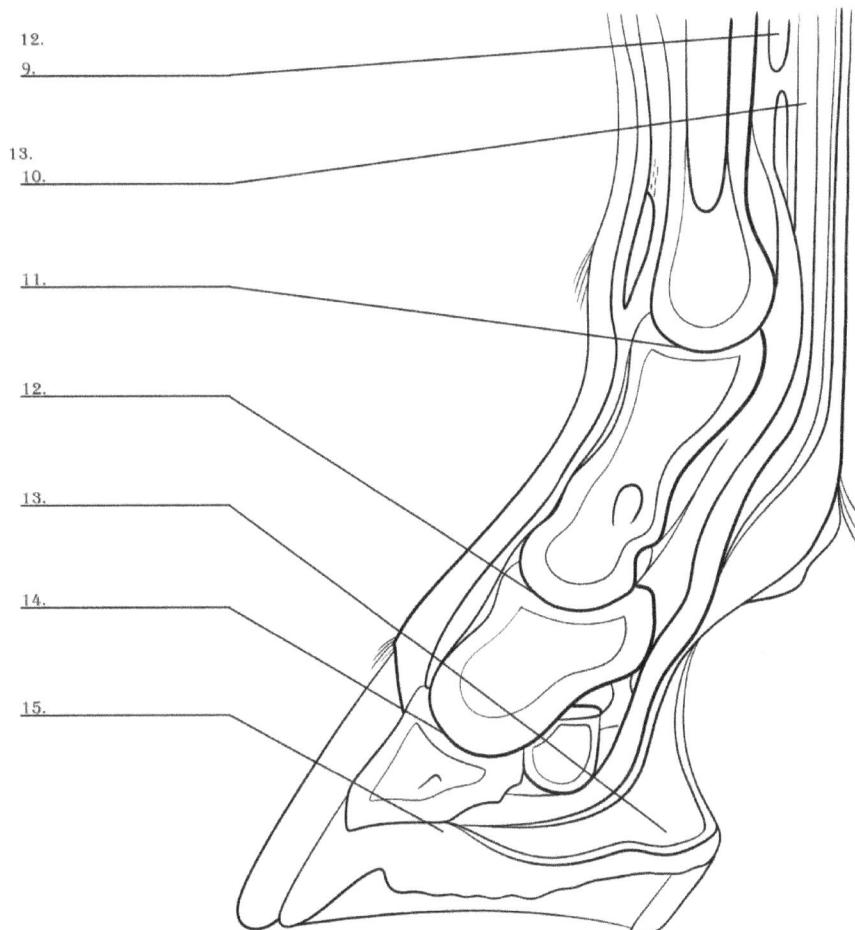

5.
6.
7.
8.

1.
2.
3.
4.

12.
9.

13.
10.

11.

12.

13.

14.

15.

SEKTION 27: DER HUF DES PFERDES 1

1. FEDERN
2. PERIOPLIC CORIUM
3. KORONARKÖRPER
4. CORIUM DER WAND
5. SEITLICHES LIGAMENTUM CHONDROCOMPEDALIS
6. HUFKNORPEL
7. DORSALES LIGAMENT DES HUFKNORPELS
8. LIGAMENTUM COLLATERALE DES HUFGELENKS
9. MUSCULUS INTEROSSEUS MEDIUS
10. MUSCULUS FLEXOR DIGITORUM PROFUNDUS
11. FESSELGELENK
12. FESSELGELENK
13. UNTERHAUT (DIGITALISPOLSTER)
14. PEDALGELENK
15. HORNFROSCH (EPIDERMIS CUNEI)

SEKTION 28: DER HUF DES PFERDES 2

1.

2.

3.

4.

5.

6.

7.

8.

9.

10.

11.

12.

13.

14.

15.

16.

17.

18.

19.

1. KORONAR-EPIDERMIS
2. TIEFE DIGITALE BEUGESEHNE
3. MEDIALE ARTERIE, VENE UND NERV
4. ZENTRALER SULCUS DES FROSCHES
5. CRUS DES FROSCHES
6. PARAKUNEALER SULKUS
7. BALKEN (PARS INFLEXA)

8. STRATUM MEDIUM DER HUFWAND
9. WEIßE LINIE
10. EPIDERMALE LAMINAE
11. KÖRPER DER SOHLE
12. SCHEITEL DES STRAHLS
13. BALKEN
14. WINKEL DER SOHLE
15. CRUS DER SOHLE
16. KOLLATERALSULKUS
17. ZENTRALER SULCUS DES FROSCHES
18. WINKEL DER WAND
19. FERSENWULST

SEKTION 29: DAS HERZ DES PFERDES

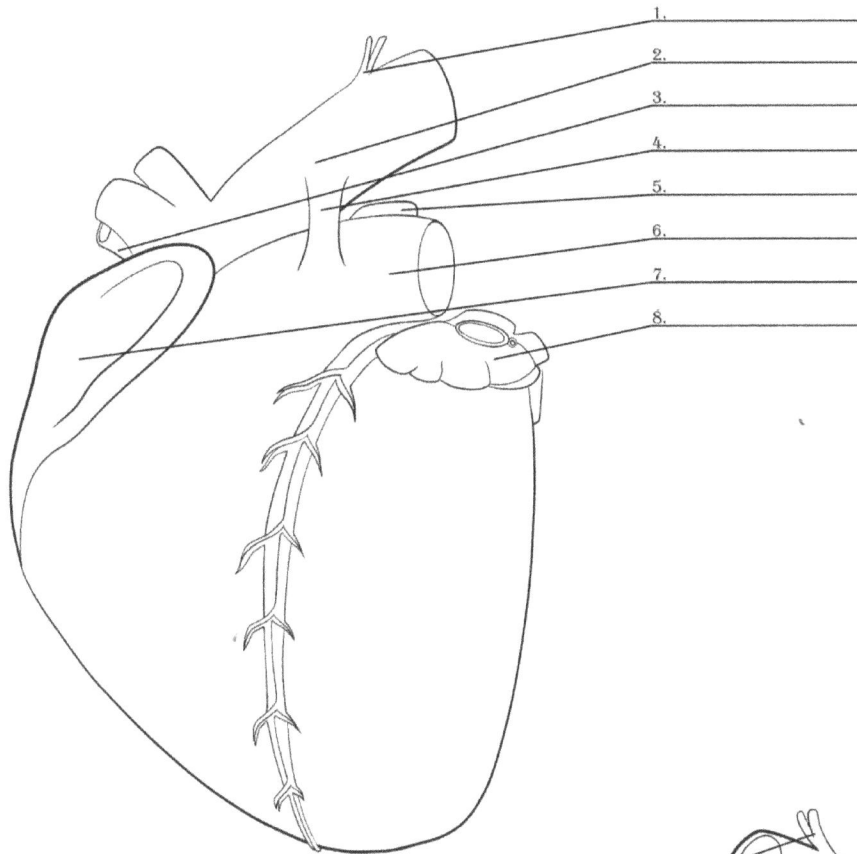

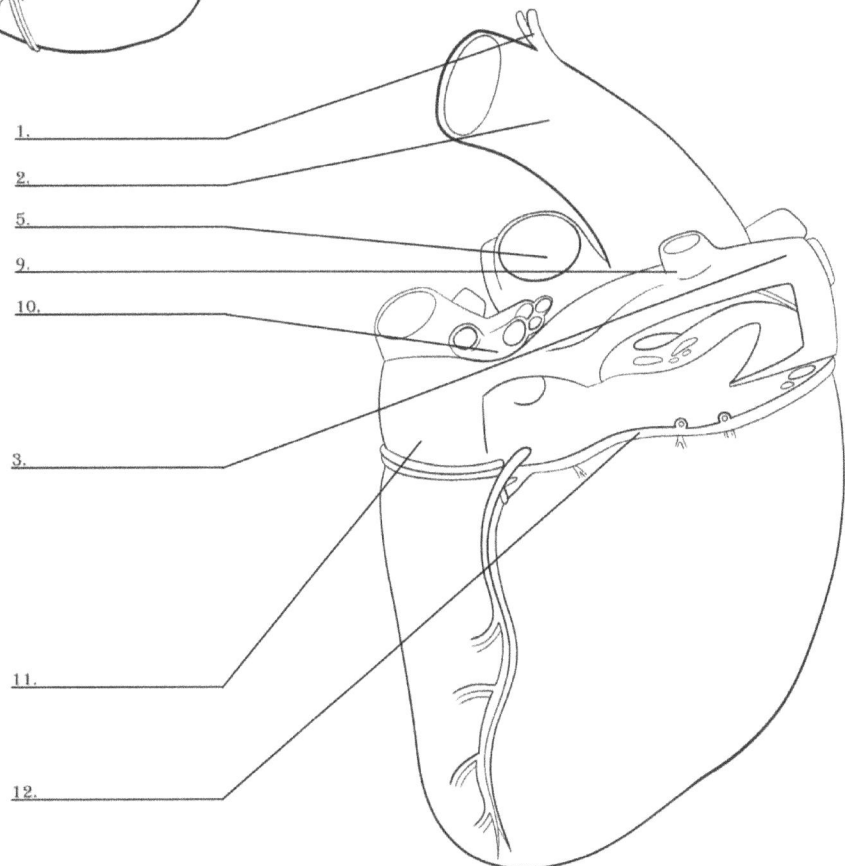

1. _____
2. _____
3. _____
4. _____
5. _____
6. _____
7. _____
8. _____

1. _____
2. _____
5. _____
9. _____
10. _____
3. _____
11. _____
12. _____

SEKTION 29: DAS HERZ DES PFERDES

1. ZWISCHENRIPPENGEFÄßE
2. AORTA
3. KRANIALE HOHLVENE
4. LIGAMENTUM ARTERIOSUM
5. RECHTE PULMONALARTERIE
6. LINKE PULMONALARTERIE
7. RECHTER VORHOF
8. LINKE VORHOFVENE
9. RECHTE AZYGUSVENE
10. PULMONALVENEN
11. KAUDALE VENA CAVA
12. KORONARRINNE

SEKTION 30: DIE LUNGE DES PFERDES

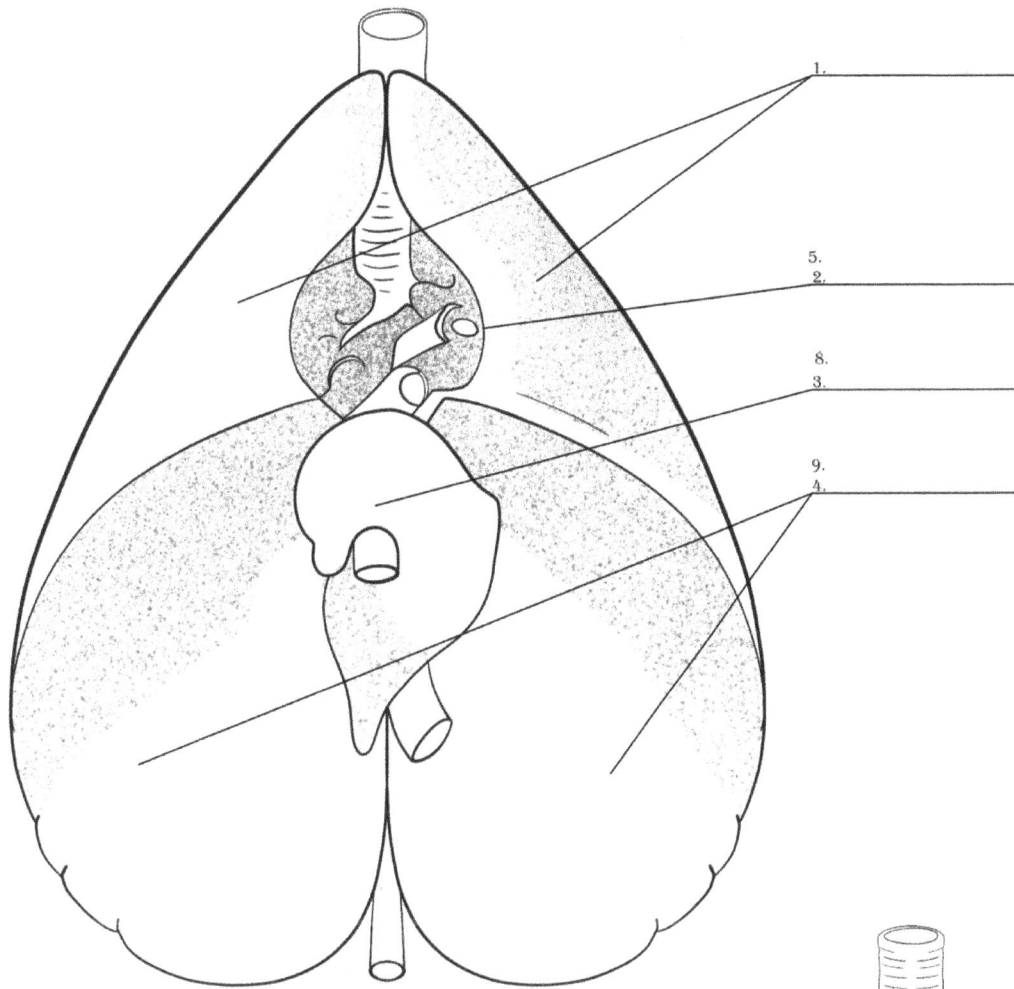

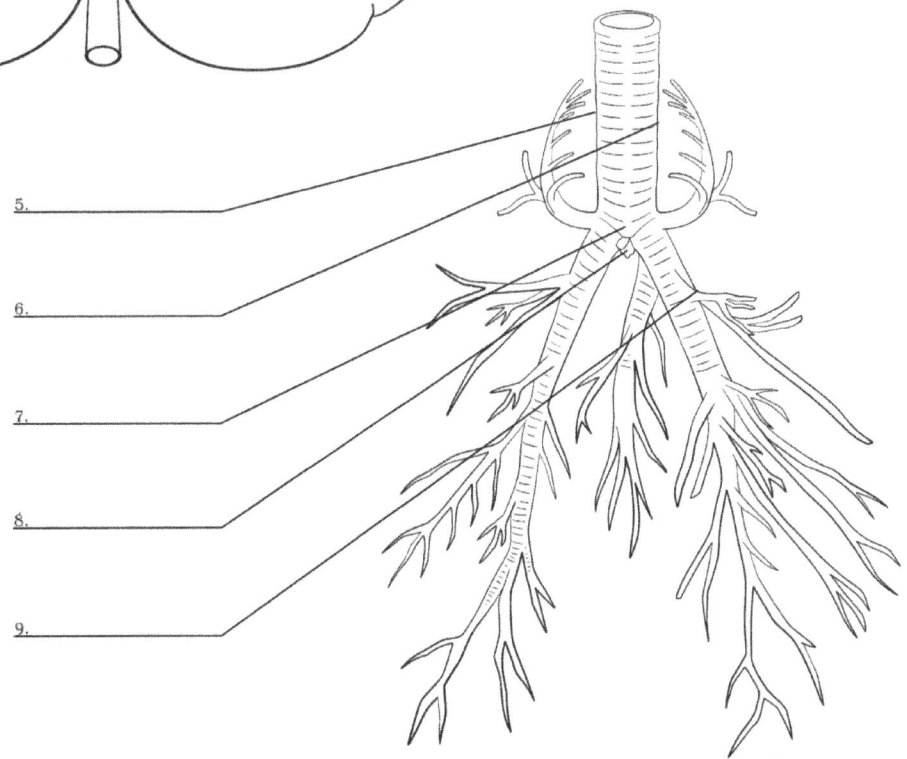

1.

5.
2.

8.
3.

9.
4.

5.

6.

7.

8.

9.

SEKTION 30: DIE LUNGE DES PFERDES

1. SCHÄDELLAPPEN
2. HERZNOTE
3. AKZESSORISCHER LAPPEN
4. SCHWANZLIPPEN
5. LINKE TRACHEOBRONCHIALE LYMPHKNOTEN
6. RECHTER TRACHEOBRONCHIALER LYMPHKNOTEN
7. TRACHEALE BIFURKATION
8. MITTLERE TRACHEOBRONCHIALE LYMPHKNOTEN
9. PULMONALE LYMPHKNOTEN

SEKTION 31: DAS RÜCKENMARK DES PFERDES

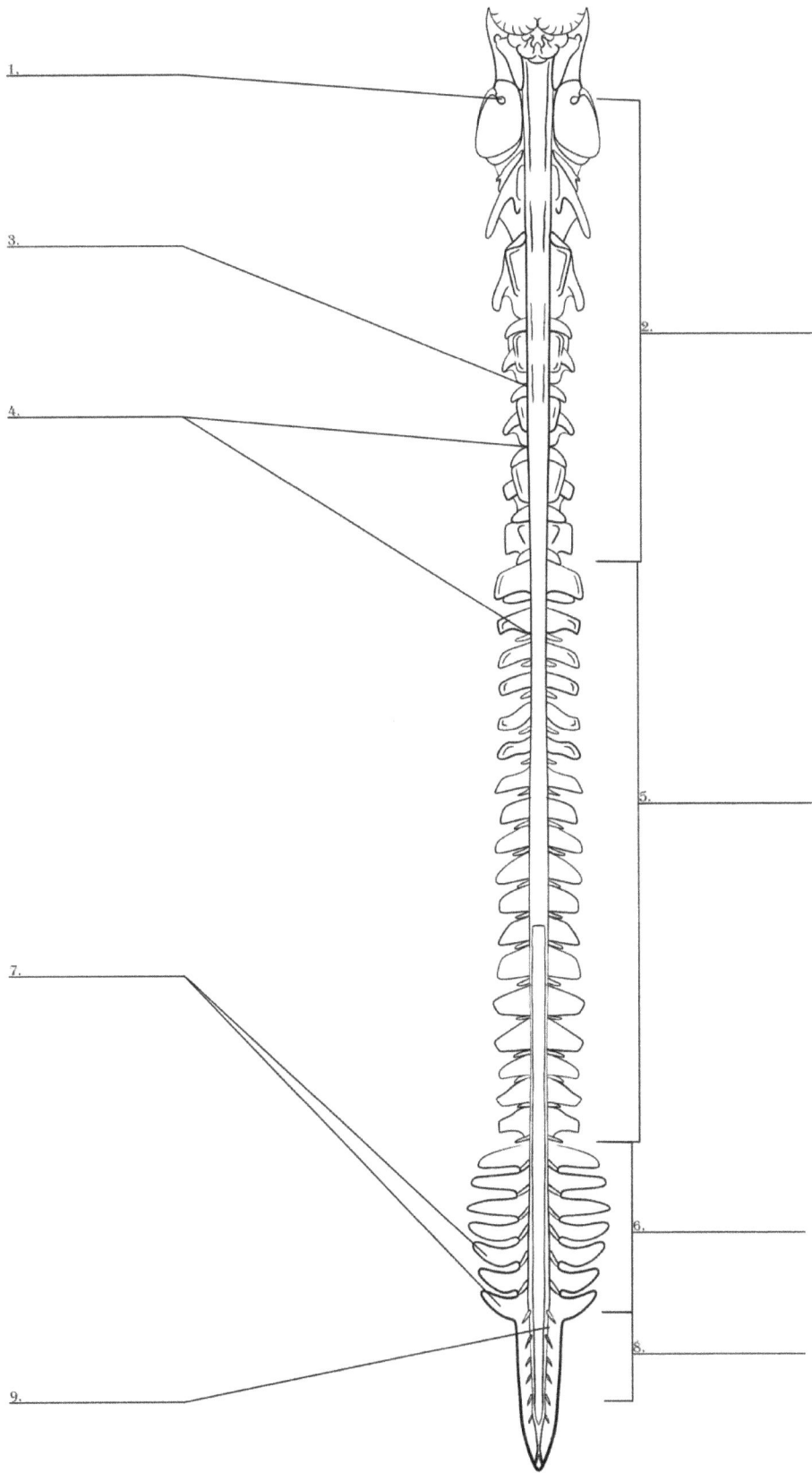

1.

3.

4.

2.

5.

7.

6.

8.

9.

SEKTION 31: DAS RÜCKENMARK DES PFERDES

1. SEITLICHES WIRBELLOCH (FORAMEN VERTEBRALE)
2. ZERVIKALER TEIL
3. FORAMEN INTERVERTEBRALE
4. ZERVIKALE VERDICKUNG
5. THORAKALER TEIL
6. LUMBALER TEIL
7. LUMBALE VERDICKUNG
8. SAKRALER TEIL
9. LUMBOSAKRALES FORAMEN

SEKTION 32: DAS SKELETT DES HUNDES SEITLICHER ASPEKT

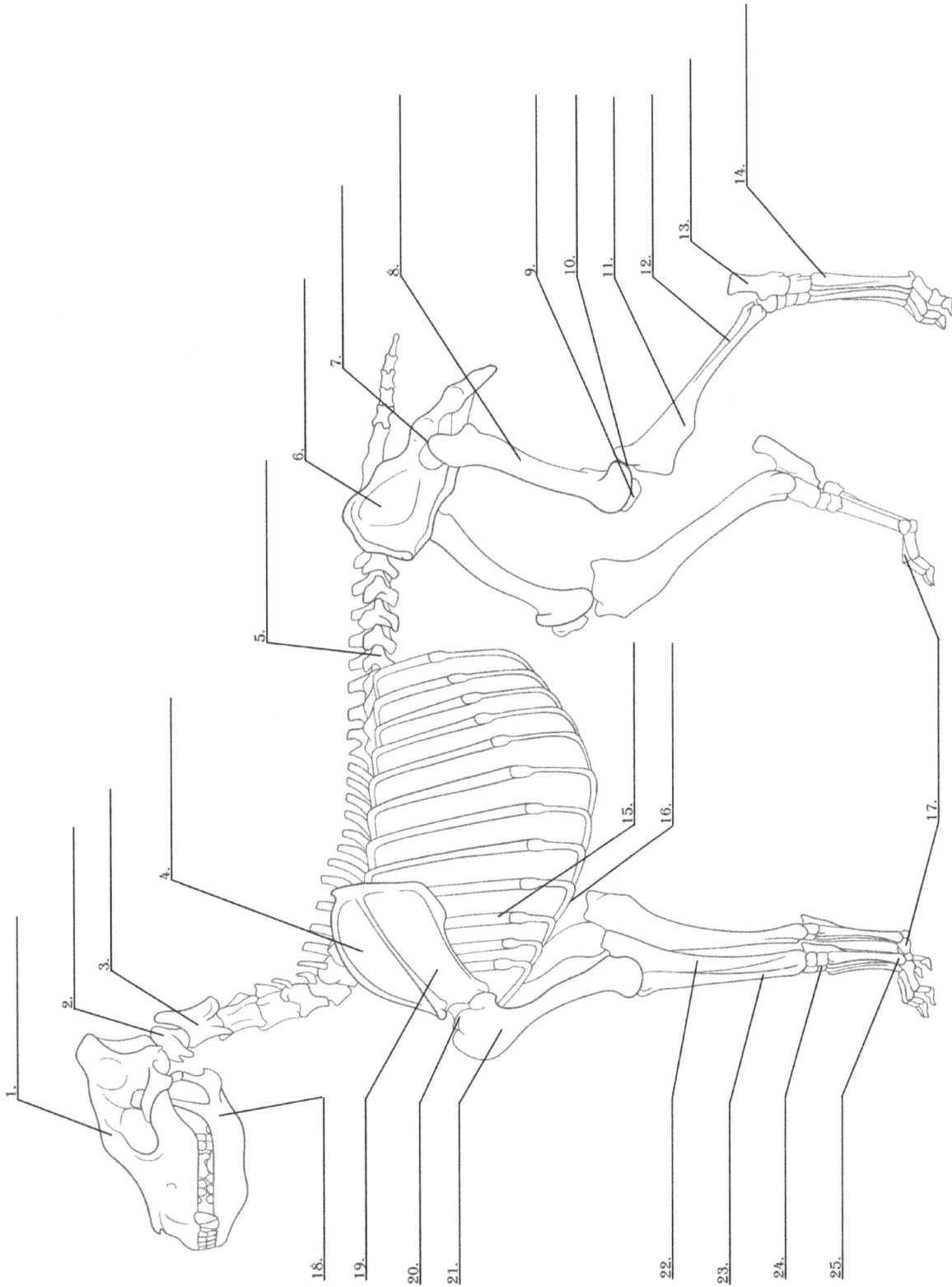

SEKTION 32: DAS SKELETT DES HUNDES SEITLICHER ASPEKT

1.SCHÄDEL

2.ATLAS

3.ACHSE

4.SCHULTERBLATT

5.KREUZBEIN

6.BECKEN

7.HÜFTGELENK

8.OBERSCHENKELKNOCHEN

9.KNIESCHEIBE

10.KNIEGELENK

11.SCHIENBEIN

12.SCHIENBEIN

13.SPRUNGGELENK

14.MITTELFUßKNOCHEN

15.RIPPE

16.STERNUM

17.PHALANGEN (ZEHENKNOCHEN)

18.UNTERKIEFER

19.SCHULTERBLATT

20.SCHULTERGELENK

21.OBERARMKNOCHEN

22.ELLE

23.RADIUS

24.KARPALGELENK

25.MITTELHANDKNOCHEN

SEKTION 33: DAS SKELETT DES HUNDES KRANIAL UND KAUDAL GESEHEN

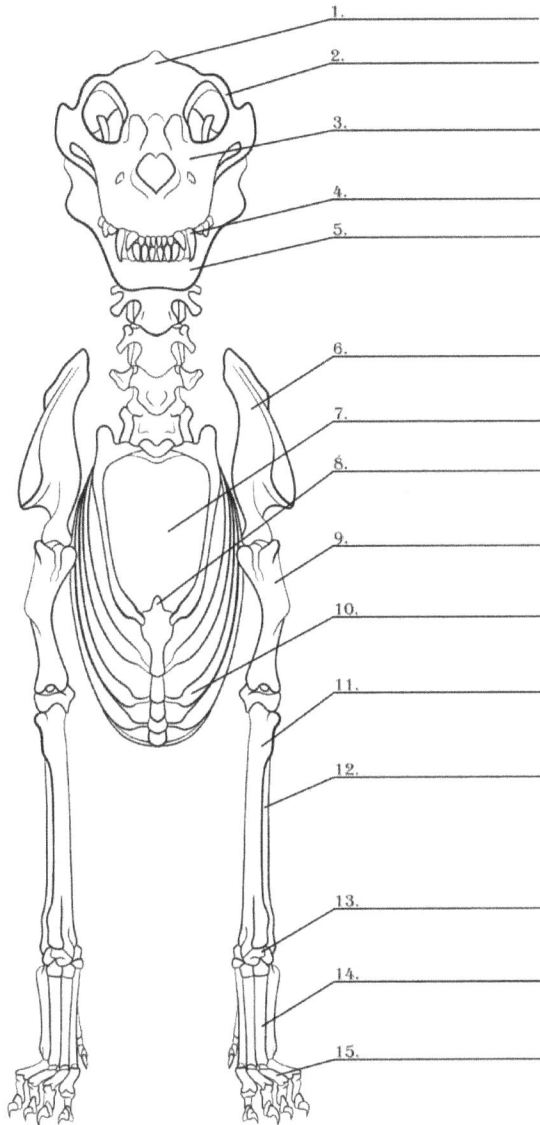

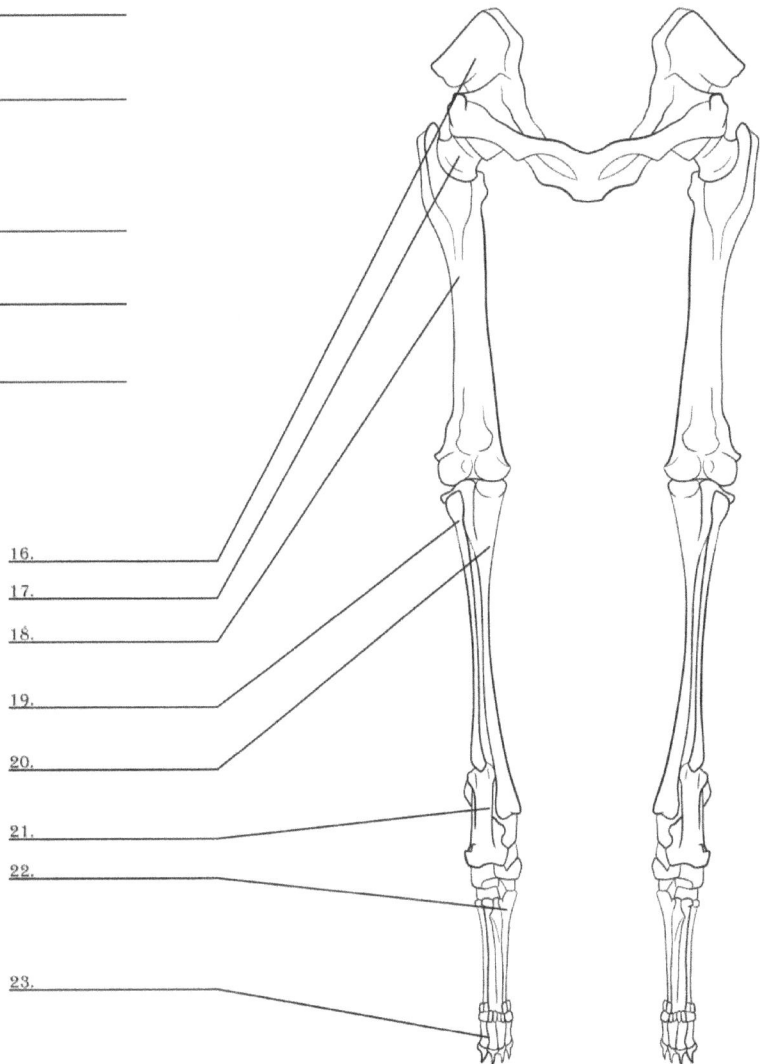

1.
2.
3.
4.
5.
6.
7.
8.
9.
10.
11.
12.
13.
14.
15.
16.
17.
18.
19.
20.
21.
22.
23.

SEKTION 33: DAS SKELETT DES HUNDES KRANIAL UND KAUDAL GESEHEN

1. OCCIPUT
2. SCHÄDEL
3. OBERKIEFER
4. ZÄHNE
5. UNTERKIEFER
6. SCHULTERBLATT
7. BRUSTHÖHLE
8. STERNUM
9. OBERARMKNOCHEN
10. RIPPE
11. RADIUS
12. ULNA
13. KARPUS
14. MITTELHANDKNOCHEN
15. ZEHENSPITZEN
16. BECKEN
17. HÜFTGELENK
18. OBERSCHENKELKNOCHEN
19. WADENBEIN
20. SCHIENBEIN
21. SPRUNGGELENK
22. MITTELFUßKNOCHEN
23. ZEHENSPITZEN

SEKTION 34: DAS SKELETT DES HUNDES DORSALE SEITE

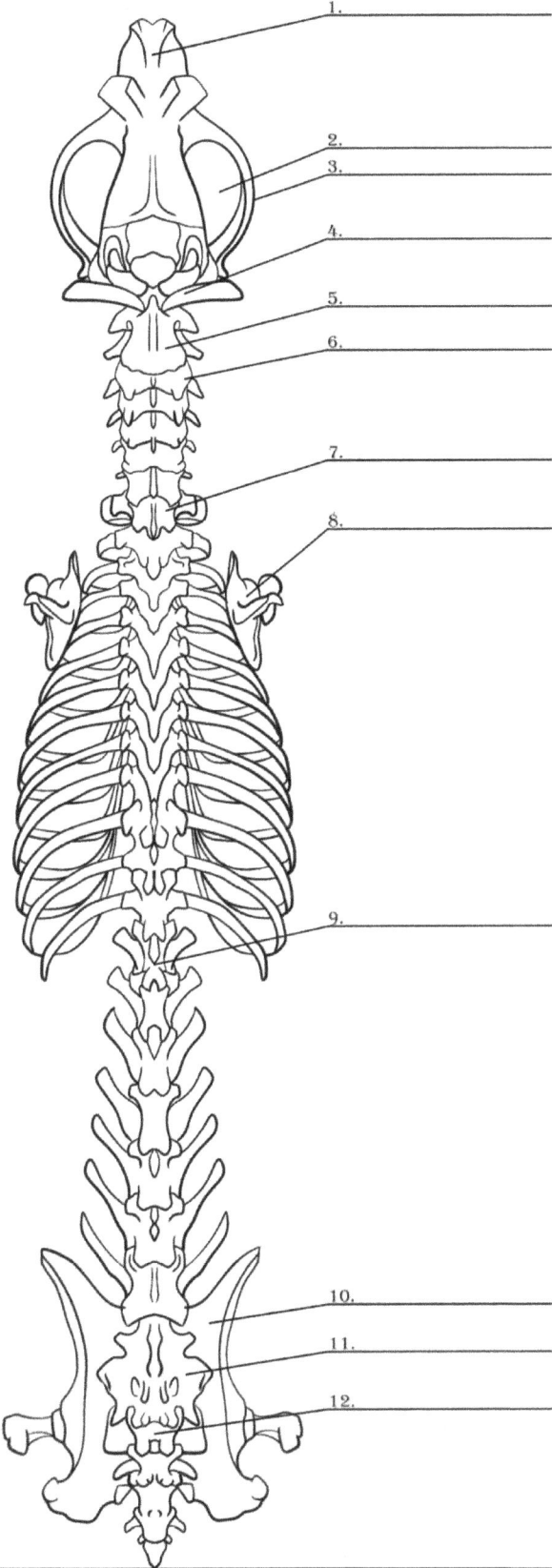

1. _____

2. _____

3. _____

4. _____

5. _____

6. _____

7. _____

8. _____

9. _____

10. _____

11. _____

12. _____

SEKTION 34: DAS SKELETT DES HUNDES DORSALE SEITE

1. NASENBEIN
2. UMLAUFBAHN
3. JOCHBEINBOGEN
4. ATLAS
5. ACHSE
6. HALSWIRBELSÄULE
7. BRUSTWIRBELSÄULE
8. SCHULTERBLATT
9. LENDENWIRBEL
10. BECKEN
11. KREUZBEIN
12. CAUDALWIRBEL

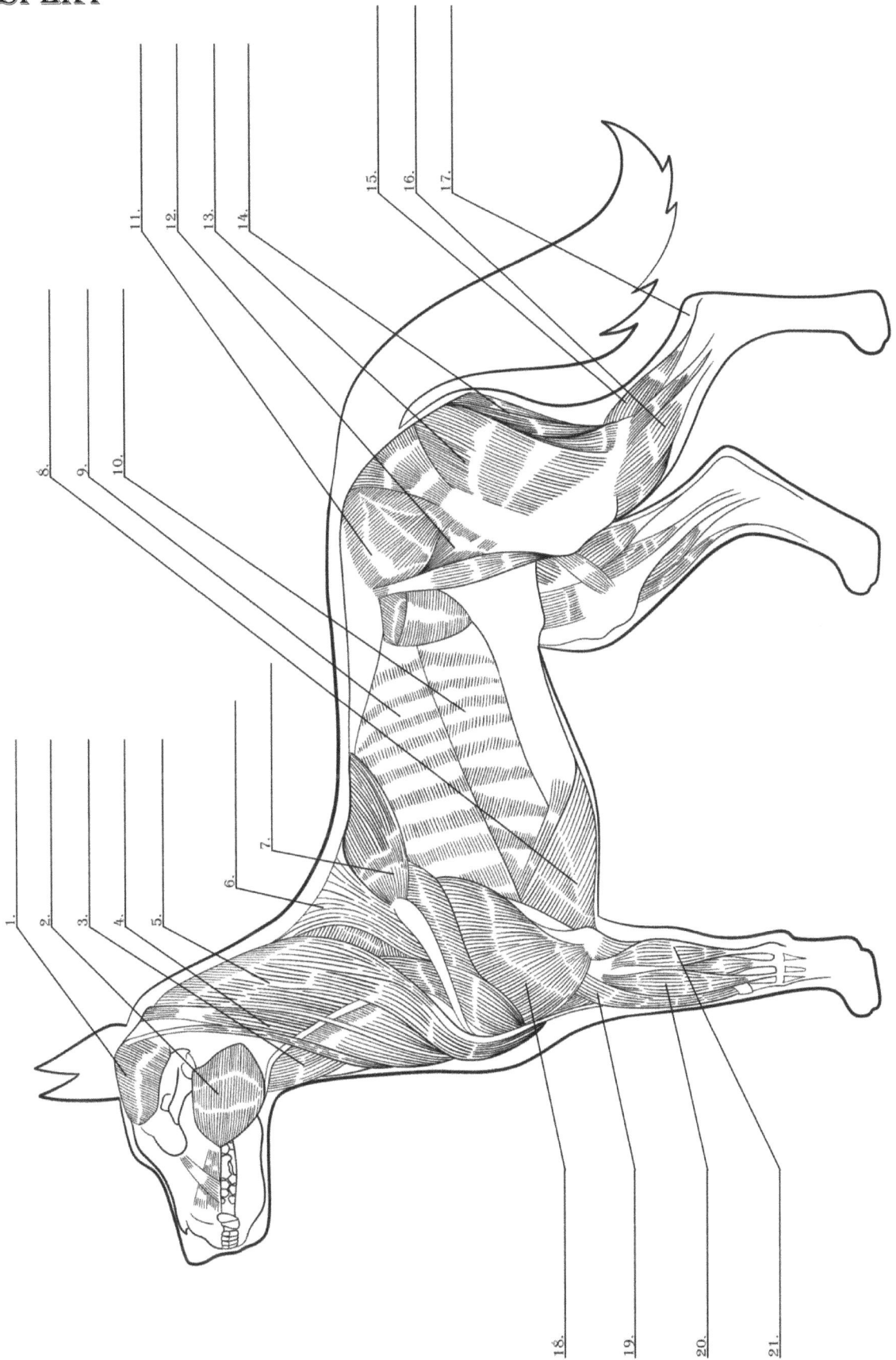

1.
2.
3.
4.
5.
6.
7.
8.
9.
10.
11.
12.
13.
14.
15.
16.
17.
18.
19.
20.
21.

SEKTION 35: DIE MUSKELN DES HUNDES SEITLICHER ASPEKT

1. MUSCULUS TEMPORALIS

2. MASSETER-MUSKEL

3. STERNOHYOIDER MUSKEL

4. STERNOCEPHALICUS-MUSKEL

5. BRACHIOCEPHALICUS-MUSKEL

6. TRAPEZMUSKEL

7. DELTAMUSKEL

8. TIEFER PEKTORALMUSKEL

9. LATISSIMUS DORSI MUSKEL

10. ÄUßERER SCHRÄGER BAUCHMUSKEL

11. GESÄßMUSKEL

12. MUSKEL TENSOR FASCIAE LATAE

13. BIZEPS FEMORIS MUSKEL

14. SEMITENDINOSUS-MUSKEL

15. GASTROCNEMIUS-MUSKEL

16. KRANIALER SCHIENBEINMUSKEL

17. ACHILLESSEHNE

18. MUSKEL TRIZEPS BRACHII

19. MUSKEL EXTENSOR CARPI RADIALIS

20. MUSKEL EXTENSOR CARPI ULNARIS

21. FLEXOR CARPI ULNARIS MUSKEL

SEKTION 36: DIE MUSKELN DES HUNDES KRANIAL UND KAUDAL

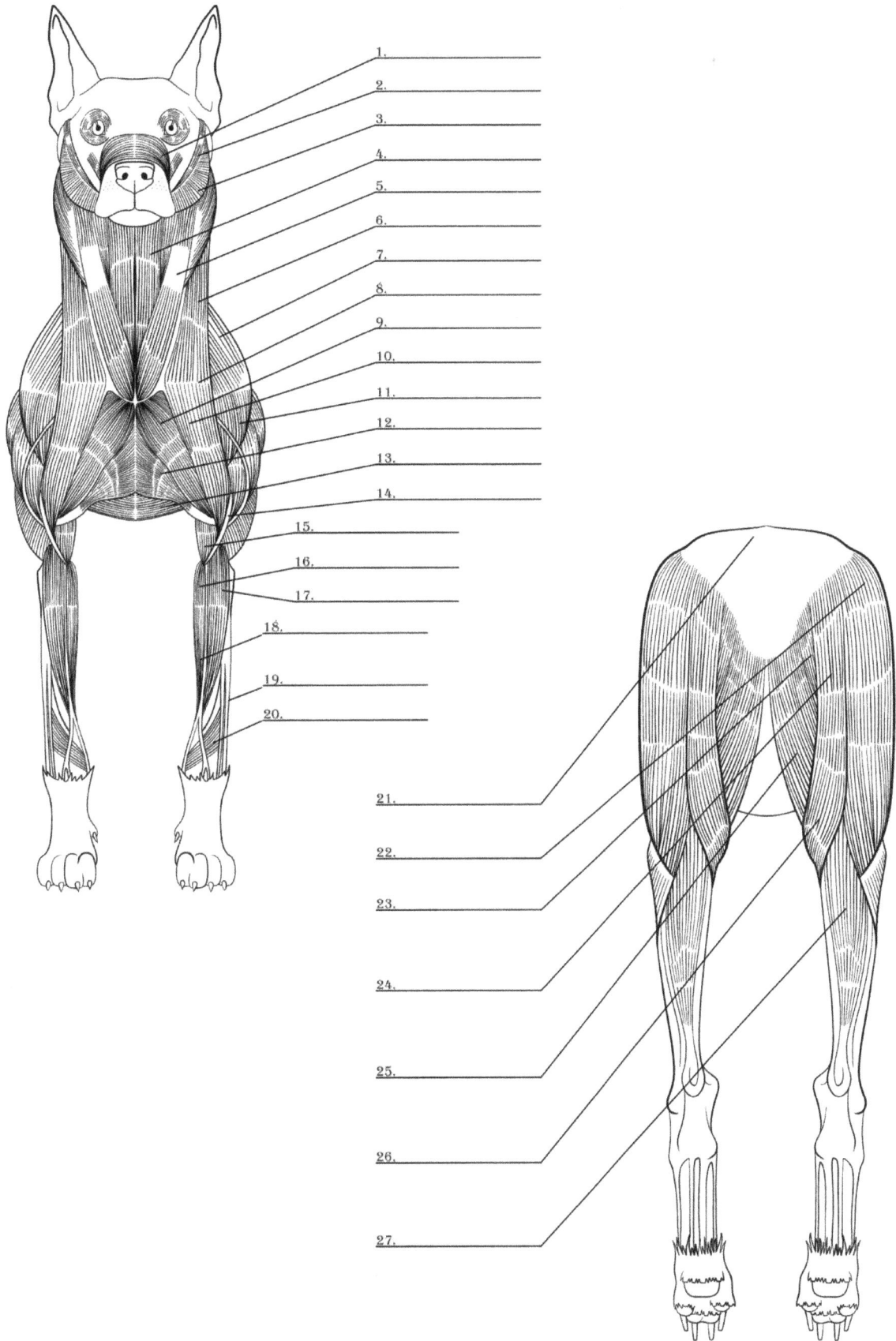

1.

2.

3.

4.

5.

6.

7.

8.

9.

10.

11.

12.

13.

14.

15.

16.

17.

18.

19.

20.

21.

22.

23.

24.

25.

26.

27.

SEKTION 36: DIE MUSKELN DES HUNDES KRANIAL UND KAUDAL

1. 1. NASOLABIALER LEVATOR-MUSKEL
2. JOCHBEINMUSKEL
3. MASSETER-MUSKEL
4. STERNOHYOIDER MUSKEL
5. STERNOCEPHALICUS-MUSKEL
6. CLEIDOCEPHALICUS-MUSKEL
7. OMOTRANSVERSARIUS-MUSKEL
8. KLAVIKULARSCHNITTPUNKT
9. MUSKEL PECTORALIS DESCENDENS
10. CLEIDOBRACHIALIS-MUSKEL
11. DELTAMUSKEL
12. MUSKEL PECTORALIS SUPERFICIALIS
13. ÄUSSERER SCHRÄGER BAUCHMUSKEL
14. BRACHIALIS-MUSKEL
15. MUSKEL BICEPS BRACHII
16. PRONATOR TERES MUSKEL
17. MUSKEL EXTENSOR CARPI RADIALIS
18. FLEXOR CARPI RADIALIS MUSKEL
19. EXTENSOR DIGITORUM COMMUNIS MUSKEL
20. MUSCULUS ABDUCTOR DIGITI

SEKTION 37: DIE MUSKELN DES HUNDES VENTRALER ASPEKT

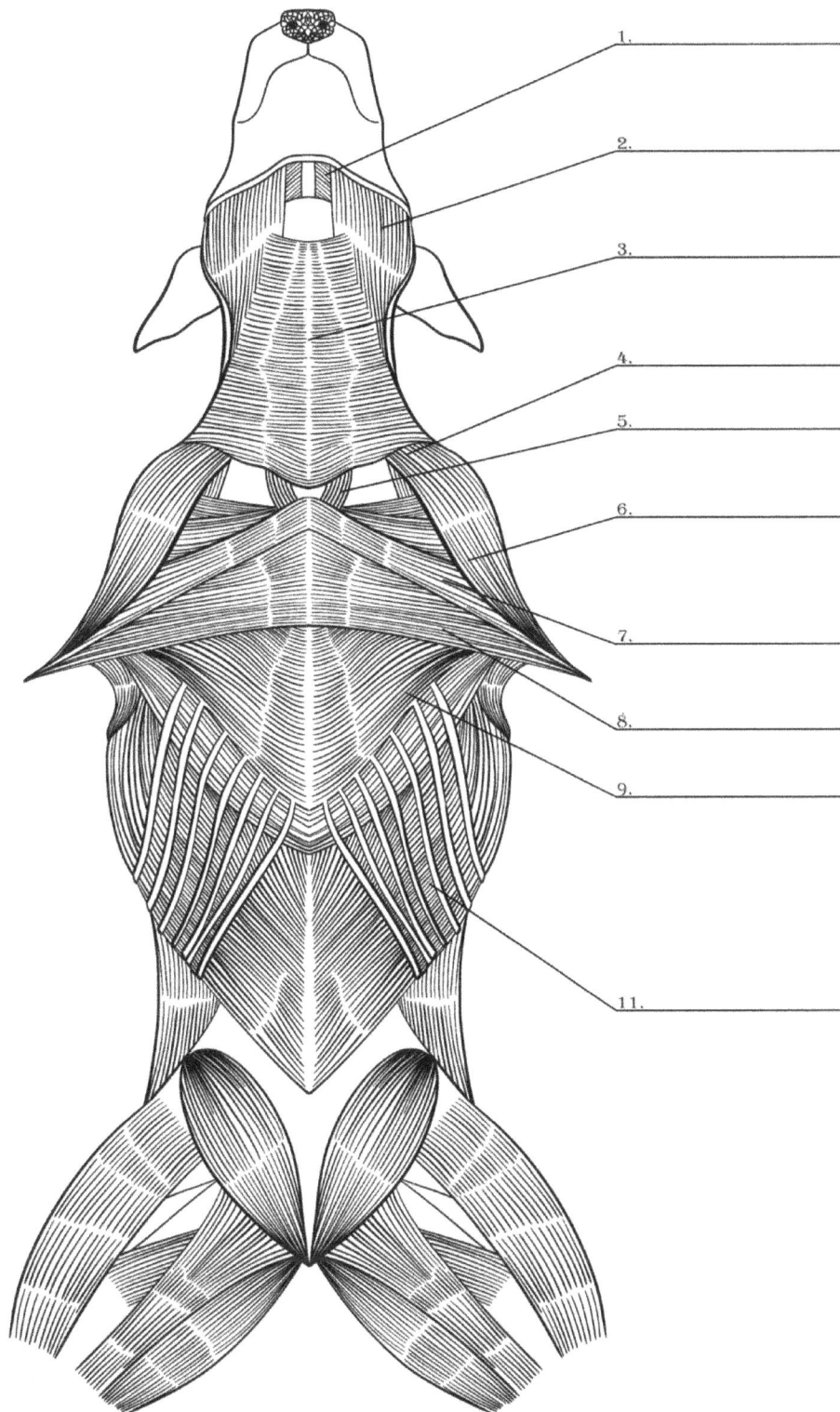

1.

2.

3.

4.

5.

6.

7.

8.

9.

11.

SEKTION 37: DIE MUSKELN DES HUNDES
VENTRALER ASPEKT

1. MUSCULUS MYLOHYOIDEUS

SPHINCTER COLLI PROFUNDUS MUSKEL

PLATYSMA-MUSKEL

SPHINCTER COLLI SUPERFICIALIS MUSKEL

CLEIDOCEPHALICUS-MUSKEL

STERNOCEPHALICUS-MUSKEL

CLEIDOBRACHIALIS-MUSKEL

MUSKEL PECTORALIS DESCENDENS

MUSCULUS PECTORALIS TRANSVERSUS

MUSKEL PECTORALIS ASCENDENS SUPERFICIALIS PROFUNDUS

CUTANEUS TRUNCI MUSKEL

SEKTION 38: DIE MUSKELN DES HUNDES DORSAL

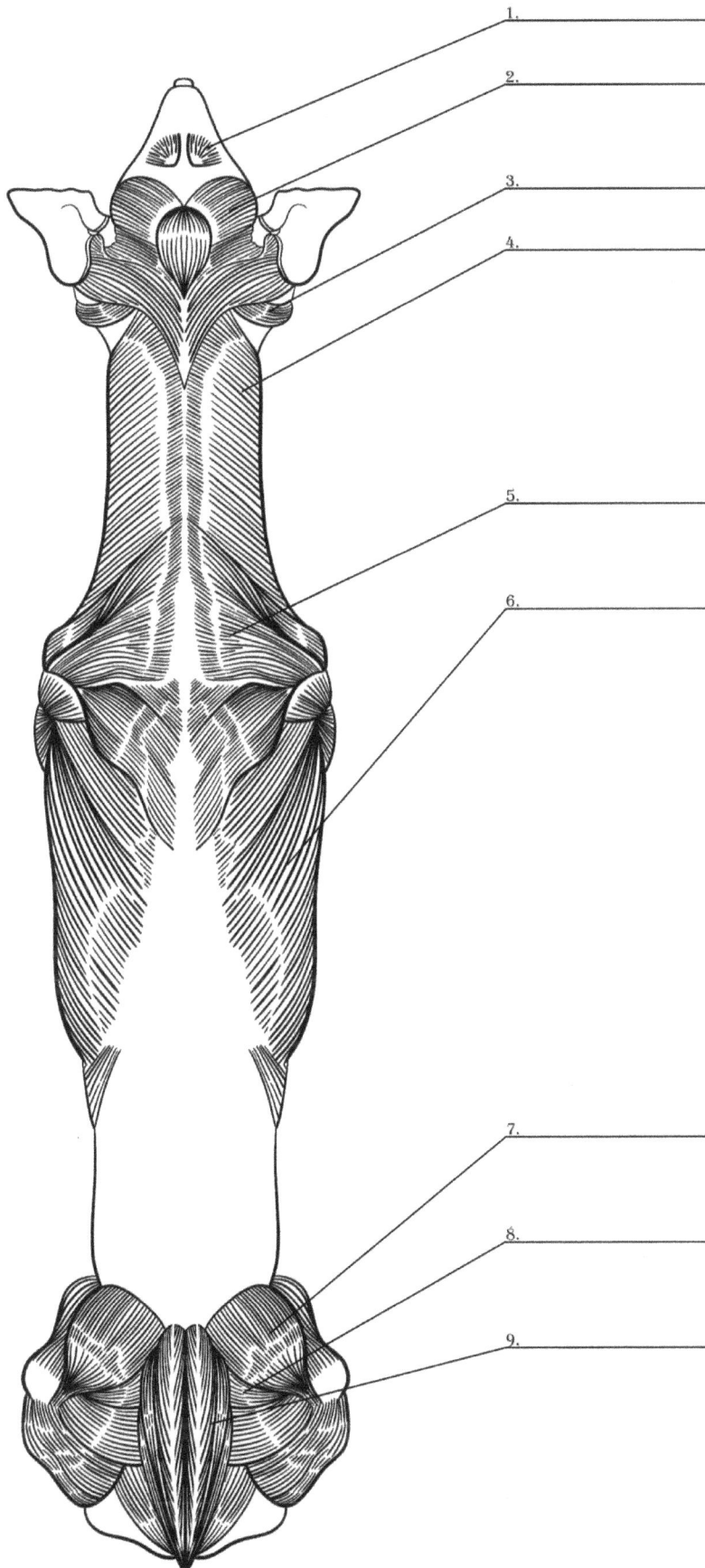

1. _____

2. _____

3. _____

4. _____

5. _____

6. _____

7. _____

8. _____

9. _____

SEKTION 38: DIE MUSKELN DES HUNDES DORSAL

1. LEVATOR NASOLABIALIS MUSKEL

2. PARS PALPEBRALIS MUSKEL

3. STERNOCEPHALICUS-MUSKEL

4. CLEIDOBRACHIALIS-MUSKEL

5. TRAPEZMUSKEL

6. LATISSIMUS DORSI MUSKEL

7. MUSKEL GLUTEUS MEDIUS

8. GESÄßMUSKEL (GLUTEUS MAXIMUS)

9. COCCYGEUS-MUSKEL

SEKTION 39: INNERE ORGANE DES HUNDES

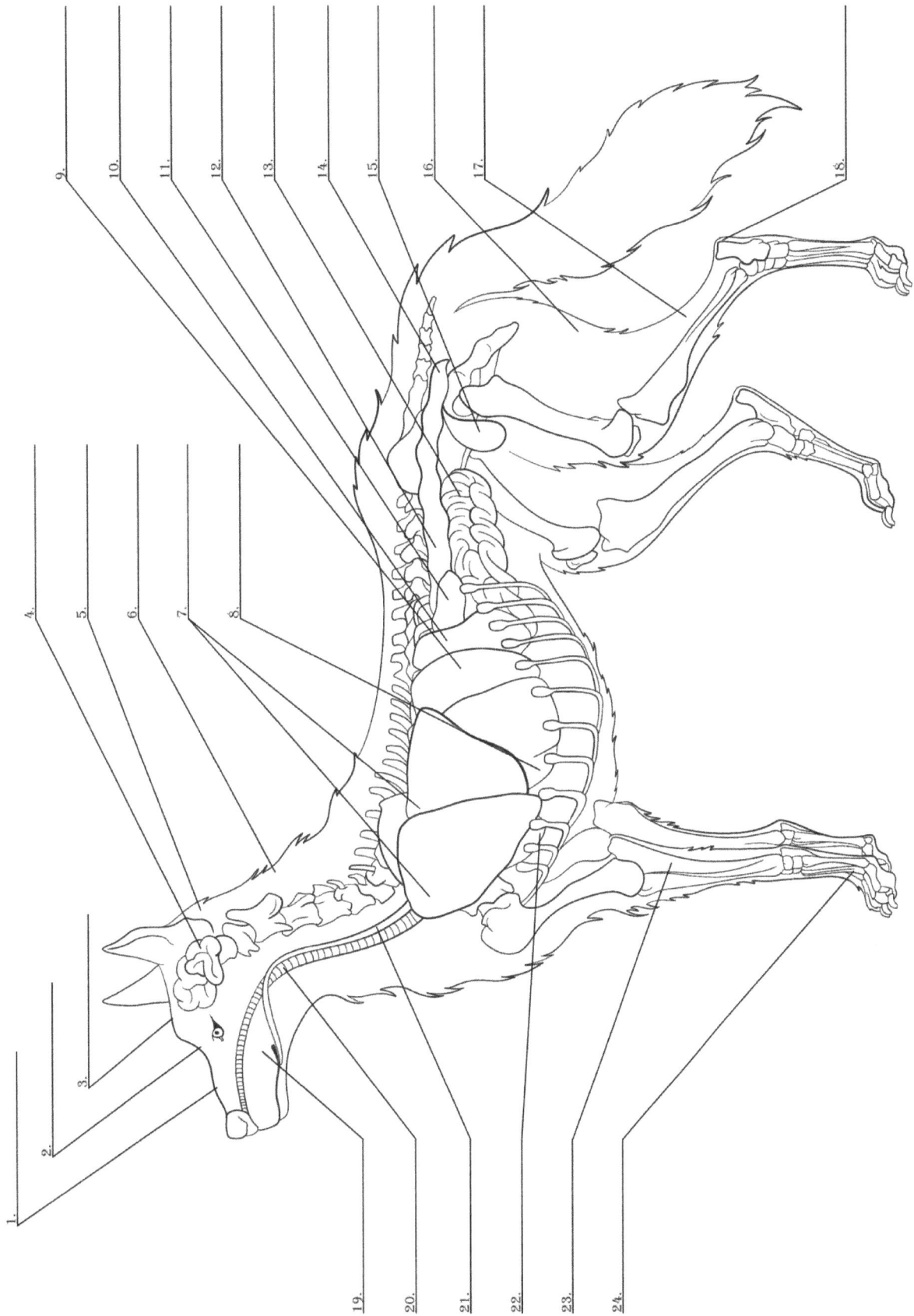

1.

2.

3.

4.

5.

6.

7.

8.

9.

10.

11.

12.

13.

14.

15.

16.

17.

18.

19.

20.

21.

22.

23.

24.

SEKTION 39: INNERE ORGANE DES HUNDES

1. NASENRÜCKEN
2. ANSCHLAG
3. OBERER SCHÄDEL
4. GEHIRN
5. NACKEN
6. HALS
7. LUNGE
8. LEBER
9. MAGEN
10. MILZ
11. NIERE
12. DICKDARM
13. DÜNNDARM
14. REKTUM
15. BLASE
16. OBERE DICHT
17. UNTERE FEST
18. SPITZE DES SPRUNGGELENKS
19. SCHNAUZE
20. KEHLKOPF
21. SPEISERÖHRE
22. HERZ
23. UNTERARM
24. FESSELN

SEKTION 40: BLUTGEFÄßE DES HUNDES

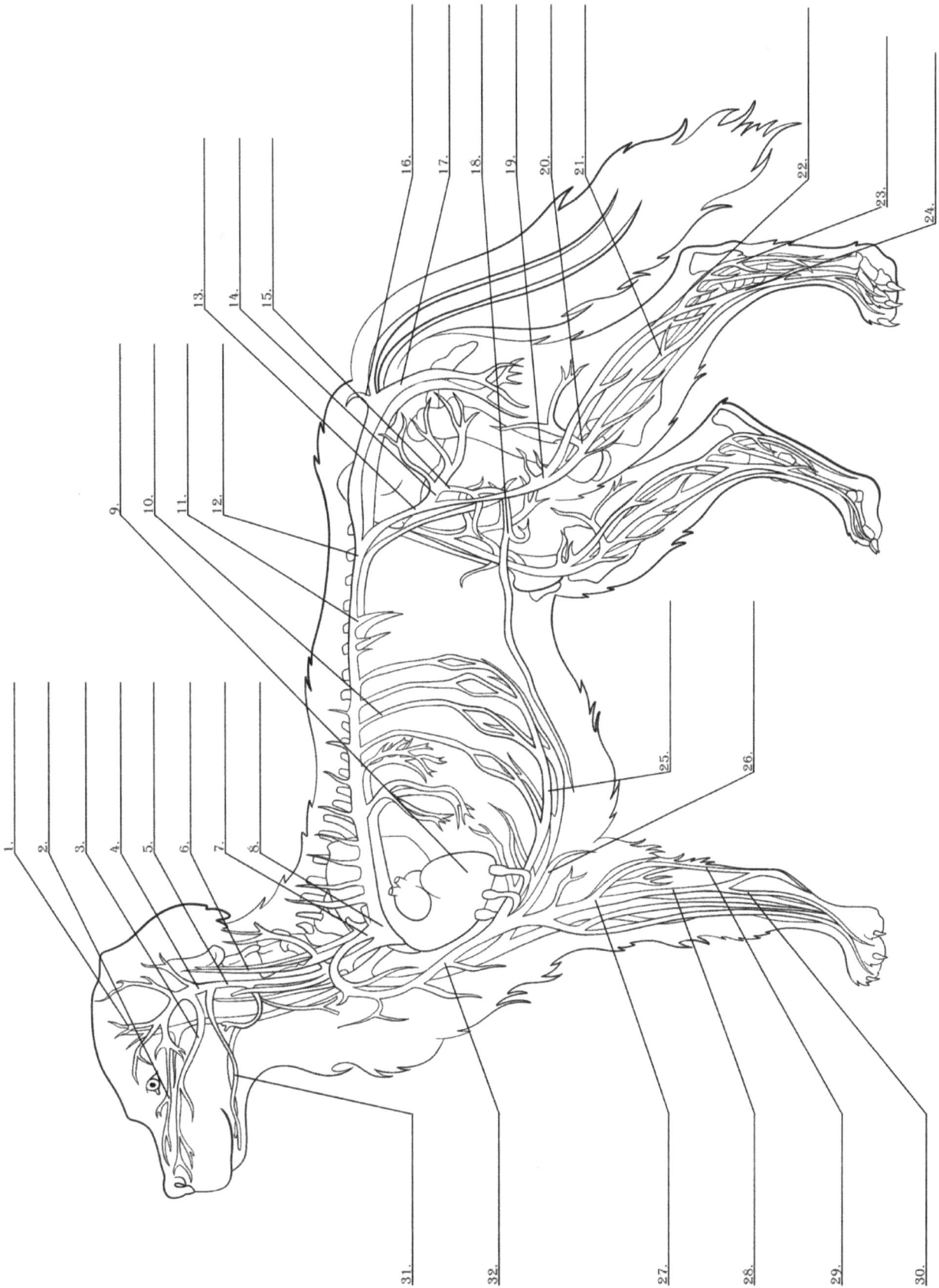

1.
2.
3.
4.
5.
6.
7.
8.
9.
10.
11.
12.
13.
14.
15.
16.
17.
18.
19.
20.
21.
22.
23.
24.
25.
26.
27.
28.
29.
30.
31.
32.

SEKTION 40: BLUTGEFÄßE DES HUNDES

1. OBERFLÄCHLICHE SCHLÄFENARTERIE

2. INFRAORBITAL-ARTERIE

3. GESICHTSSCHLAGADER

4. INNERE KAROTISARTERIE

5. ARTERIA CAROTIS COMMUNIS

6. VERTEBRALARTERIE

7. LINKE SUBCLAVIA-ARTERIE

8. AORTA

9. HERZ

10.ZWISCHENRIPPENARTERIE

11.NIERENARTERIE

12.ABDOMINAL-AORTA

13.LINKE ÄUßERE DARMBEINARTERIE

14.TIEFE OBERSCHENKELARTERIE

15.TRUNCUS PUDENDOEPIGASTRICUS

16.ARTERIA GLUTEALIS KRANIALIS

17.ARTERIA CAUDILLA GLUTEALIS

18.ÄUßERE PUDENDALARTERIE

19.ARTERIE FEMORALIS

20.DISTALE KAUDALE OBERSCHENKELARTERIE

21.ARTERIA TRIBALIS KRANIALIS

22.SAPHENA-ARTERIE

23.KAUDALER AST DER ARTERIA SAPHENA MAGNA

24.KRANIALER AST DER ARTERIA SAPHENA MAGNA

25.ARTERIA THORACICA INTERNA

26.KOLLATERALE ARTERIE ULNARIS

27.ARTERIA INTEROSSEA COMMUNIS

28.ARTERIA MEDIANA

29.ULNARARTERIE

30.RADIALIS-ARTERIE

31.LINGUALE ARTERIE

32.BRACHIAL-ARTERIE

SEKTION 41: NERVEN DES HUNDES

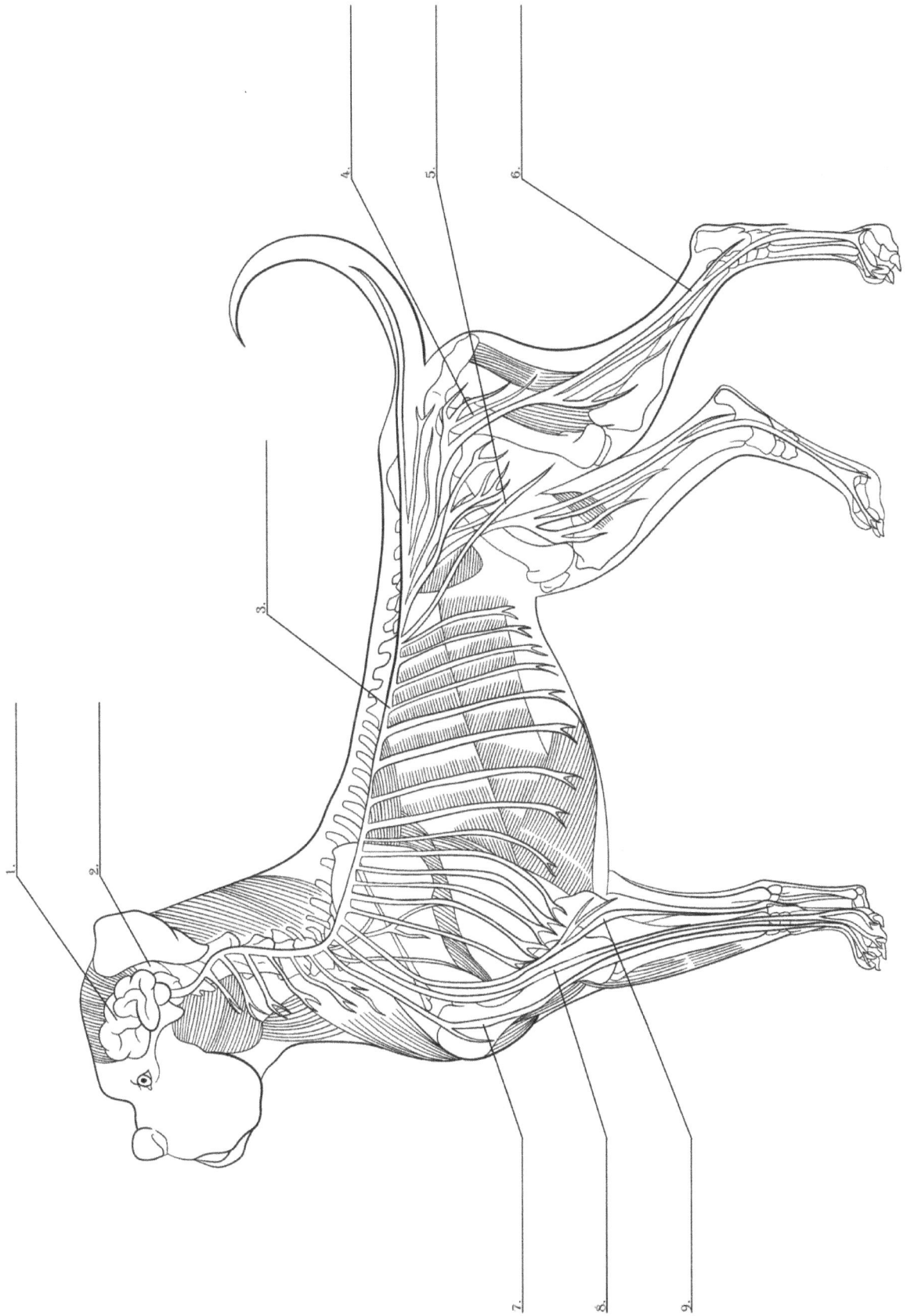

SEKTION 41: NERVEN DES HUNDES

1. ZEREBRALE HEMISPHÄRE

2. KLEINHIRN

3. RÜCKENMARK

4. ISCHIASNERV

5. NERVUS FEMORALIS

6. SCHIENBEINNERV

7. RADIALNERV

8. NERVUS MEDIALIS

9. NERVUS ULNARIS

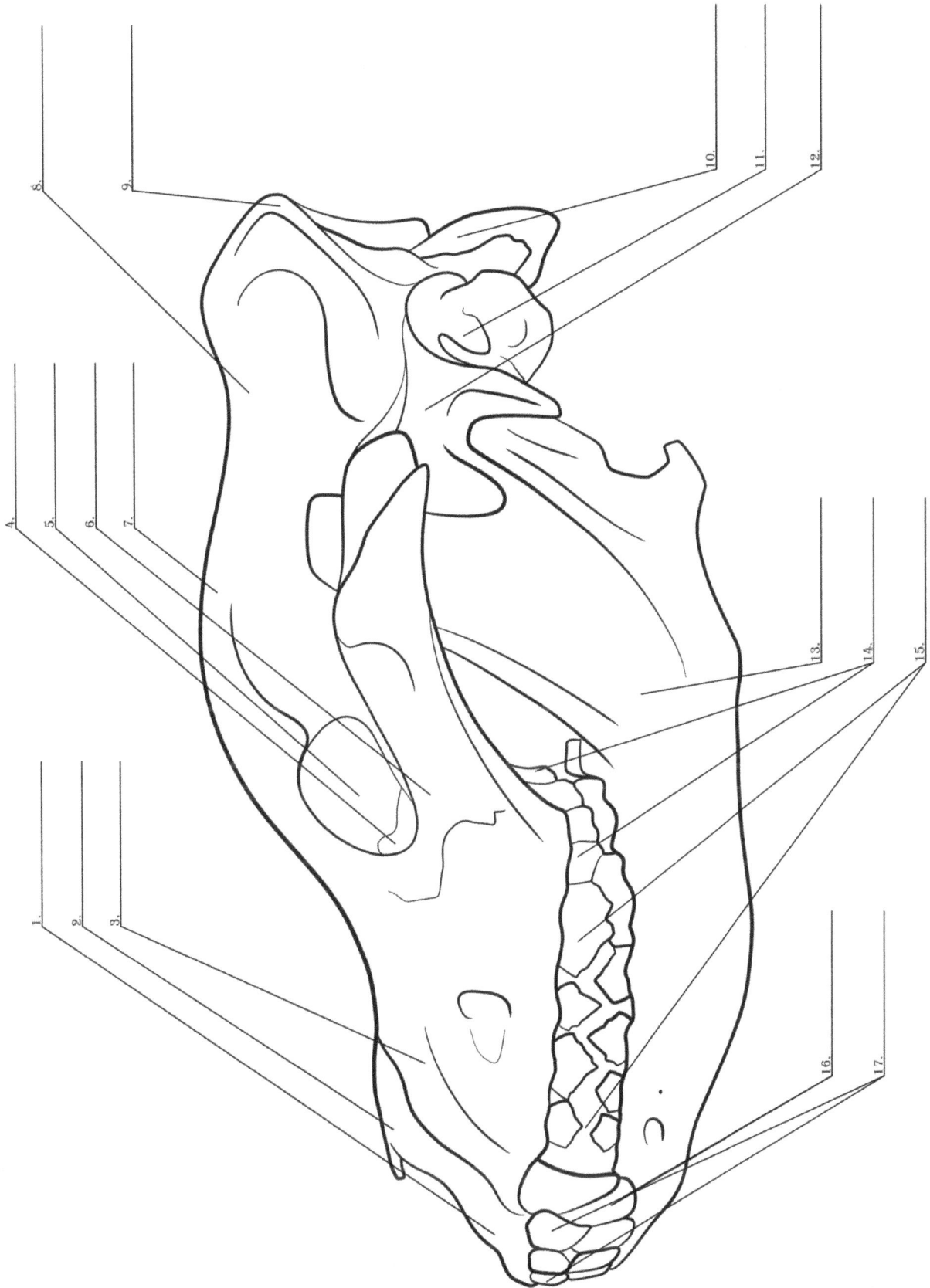

SEKTION 42: DER SCHÄDEL DES HUNDES SEITLICHER ASPEKT

1. INZISIVALKNOCHEN

2. NASENBEIN

3. OBERKIEFER

4. TRÄNENBEIN

5. AUGENHÖHLE

6. ZYGOMTISCHES KNOCHEN

7. STIRNBEIN

8. SCHEITELBEIN

9. HINTERHAUPTBEIN

10. HINTERHAUPTKONDYLEN

11. ÄUßERER GEHÖRGANG

12. SCHLÄFENBEIN

13. UNTERKIEFER

14. BACKENZÄHNE

15. PRÄMOLARENZÄHNE

16. ECKZÄHNE

17. SCHNEIDEZÄHNE

1.

2.

3.

4.

5.

6.

7.

8.

9.

10.

11.

12.

13.

14.

15.

16.

17.

18.

19.

20.

21.

SEKTION 43: INNENSEITE DES HUNDESCHÄDELS LATERALER ASPEKT

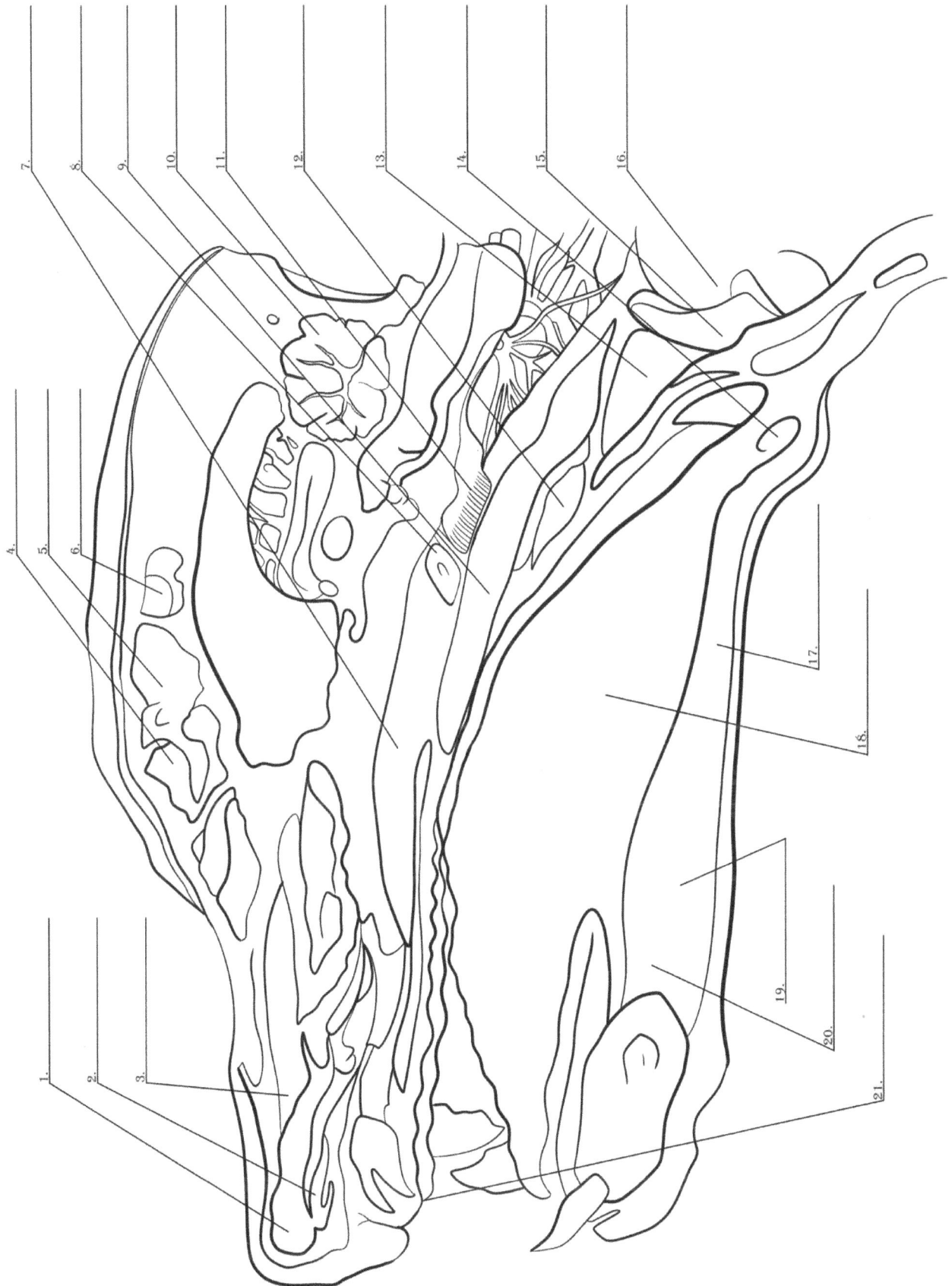

SEKTION 43: INNENSEITE DES HUNDESCHÄDELS LATERALER ASPEKT

1. VESTIBULUM NASALE

2. BASALE FALTE

3. GERADLINIGE FALTE

4. ROSTRALER SINUS FRONTALIS

5. MEDIALER SINUS FRONTALIS

6. LATERALER SINUS FRONTALIS

7. PARS NASALIS

8. PHARYNGEALES OSTIUM DER OHRTROMPETE

9. WEICHER GAUMEN

10. KLEINHIRN

11. LEVATOR VELI PALATINI MUSKEL

12. GAUMENMANDEL

13. VESTIBULUM DES KEHLKOPFES

14. BASIHYOID

15. VESTIBULARISFALTE

16. GLOTTIS

17. MUSCULUS MYLOHYOIDEUS

18. MUSCULUS LINGUALIS PROPRIUS

19. GENIOHYOIDEUS-MUSKEL

20. GENIOGLOSSUS-MUSKEL

21. VESTIBULUM DES MUNDES

SEKTION 44: DER SCHÄDEL DES HUNDES DORSALE SEITE

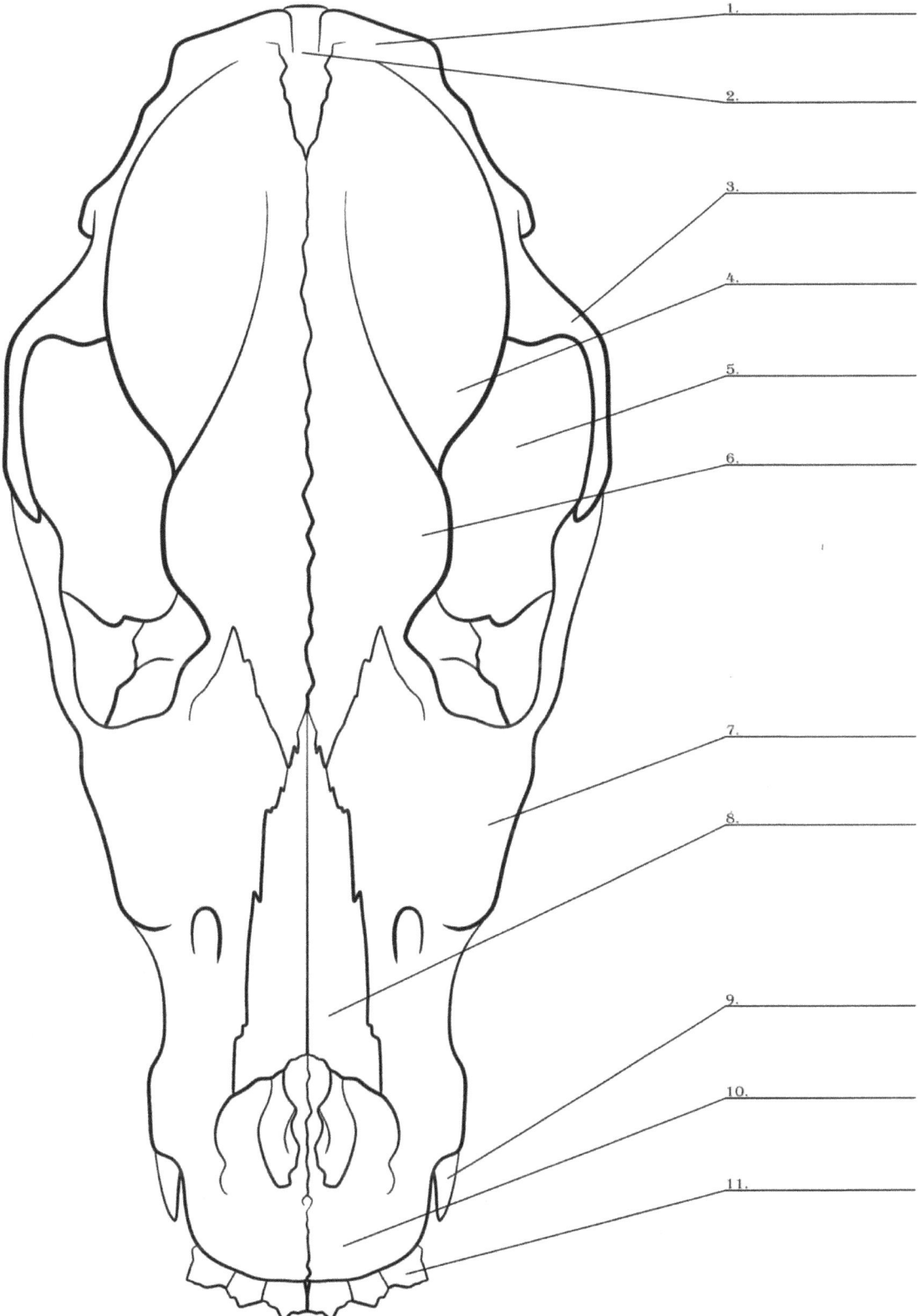

1. _____

2. _____

3. _____

4. _____

5. _____

6. _____

7. _____

8. _____

9. _____

10. _____

11. _____

SEKTION 44: DER SCHÄDEL DES HUNDES DORSALE SEITE

1. NACKENKAMM

2. MEDIANER KNOCHENKAMM

3. JOCHBEINBOGEN

4. FOSSA TEMPORALIS

5. AUGENHÖHLE

6. JOCHBEINFORTSATZ DES STIRNBEINS

7. GESICHTSSCHÄDELKNOCHEN

8. NASENBEIN

9. ECKZÄHNE

10. SCHNEIDEZAHNKNOCHEN

11. SCHNEIDEZÄHNE

SEKTION 45: DER SCHÄDEL DES HUNDES VENTRALER ASPEKT

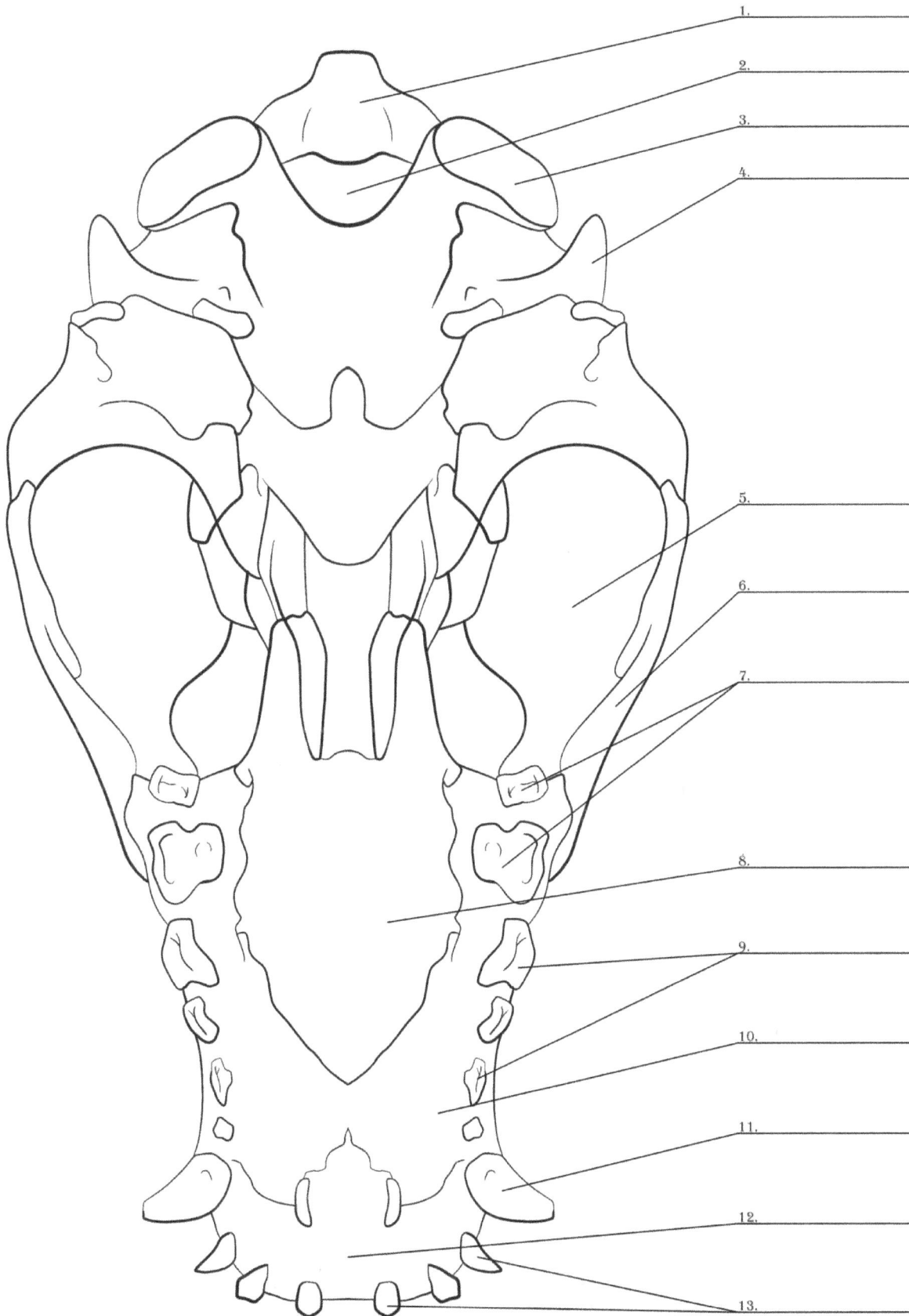

1.

2.

3.

4.

5.

6.

7.

8.

9.

10.

11.

12.

13.

SEKTION 45: DER SCHÄDEL DES HUNDES VENTRALER ASPEKT

SEKTION 45: DER SCHÄDEL DES HUNDES VENTRALER ASPEKT

1. HINTERHAUPTBEIN
2. FORAMEN MAGNUM
3. KONDÝLUS OKZIPITALIS
4. JUGULARFORTSATZ
5. AUGENHÖHLE
6. JOCHBEINBOGEN
7. BACKENZÄHNE
8. GAUMENKNOCHEN
9. PRÄMOLARENZÄHNE
10. OBERKIEFER
11. ECKZÄHNE
12. INZISIVALKNOCHEN
13. SCHNEIDEZÄHNE

SEKTION 46: DIE MUSKELN DES KOPFES SEITLICHER ASPEKT

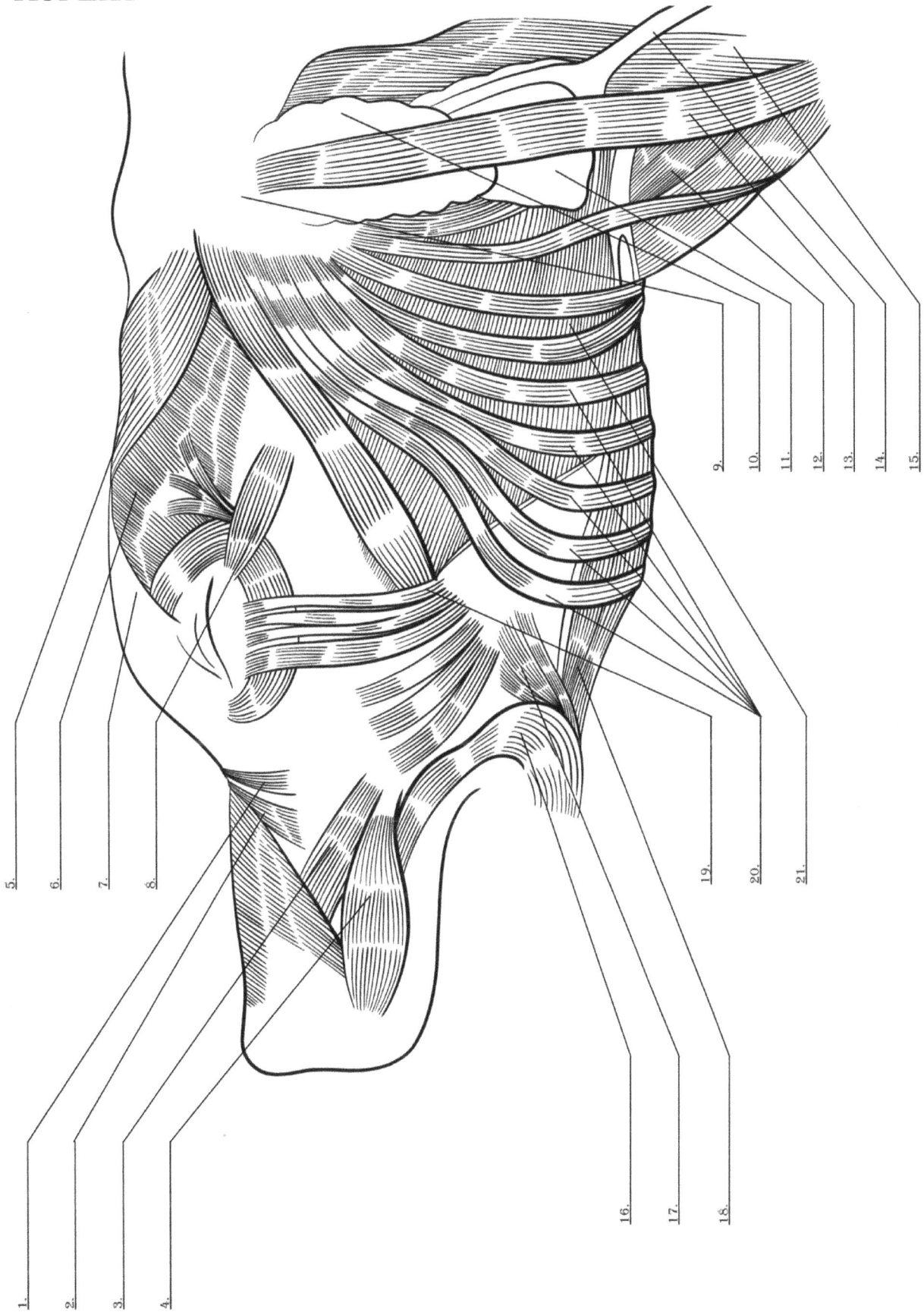

1.

2.

3.

4.

5.

6.

7.

8.

9.

10.

11.

12.

13.

14.

15.

16.

17.

18.

19.

20.

21.

SEKTION 46: DIE MUSKELN DES KOPFES SEITLICHER ASPEKT

SEKTION 46: DIE MUSKELN DES KOPFES SEITLICHER ASPEKT

1. MUSCULUS LATERALIS NASI
2. LEVATOR NASOLABIALIS MUSKEL
3. MUSKEL LEVATOR LABII MAXILLARIS
4. CANINUS-MUSKEL
5. FRONTOSCUTULARIS-MUSKEL
6. MUSCULUS TEMPORALIS
7. MUSKEL LEVATOR ANGULI OCULI MEDIALIS
8. RETRAKTOR ANGULI OCULI LATERALIS MUSKEL
9. KEHLKOPFKNORPEL
10. PAROTIS-EICHEL
11. UNTERKIEFER-EICHEL
12. STERNOHYOIDEUS-MUSKEL
13. PAROTIDEO-AURICULARIS-MUSKEL
14. JUGULARVENE UND FURCHE
15. STERNOCEPHALICUS-MUSKEL
16. ORBICULARIS ORIS-MUSKEL
17. ZYGOMATICUS-MUSKEL (ELEVATOR DES LABIALWINKELS)
18. M. DEPRESSOR LABII MANDIBULARIS
19. MUSKELN MALARIA
20. JOCHBEINMUSKULATUR
21. MASSETER-MUSKEL

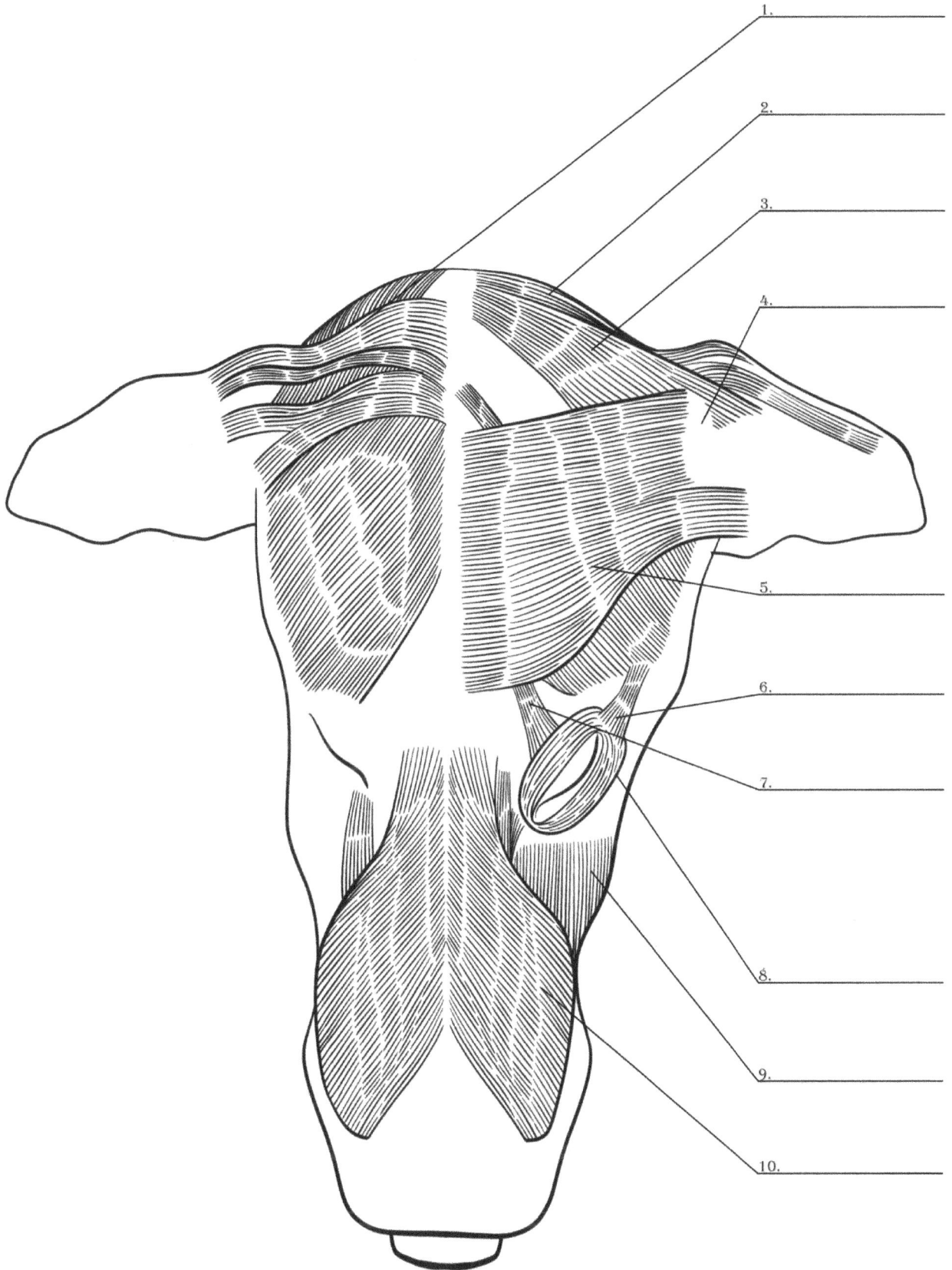

SEKTION 47: DIE MUSKELN DES KOPFES DORSAL

1. _____

2. _____

3. _____

4. _____

5. _____

6. _____

7. _____

8. _____

9. _____

10. _____

SEKTION 47: DIE MUSKELN DES KOPFES DORSAL

1. MUSKEL CERVICOAURICULARIS SUPERFICIALIS

2. MUSKEL CERVICOAURICULARIS PROFUNDUS

3. MUSCULUS PARIETO AURICULARIS

4. KEHLKOPFKNORPEL

5. FRONTOAURICULARIS- & FRONTOSCUTULARIS-MUSKEL

6. RETRAKTOR ANGULI OCULI LATERALIS MUSKEL

7. MUSKEL LEVATOR ANGULI OCULI LATERALIS

8. MUSCULUS ORBICULARIS OCULI

9. MUSKELN MALARIA

10. LEVATOR NASOLABIALIS MUSKEL

SEKTION 48: DAS GEHIRN DES HUNDES

DORSAL VIEW

1. _____
2. _____
3. _____
4. _____
5. _____
6. _____
7. _____

8. _____
9. _____
10. _____
11. _____
12. _____
13. _____
14. _____
15. _____

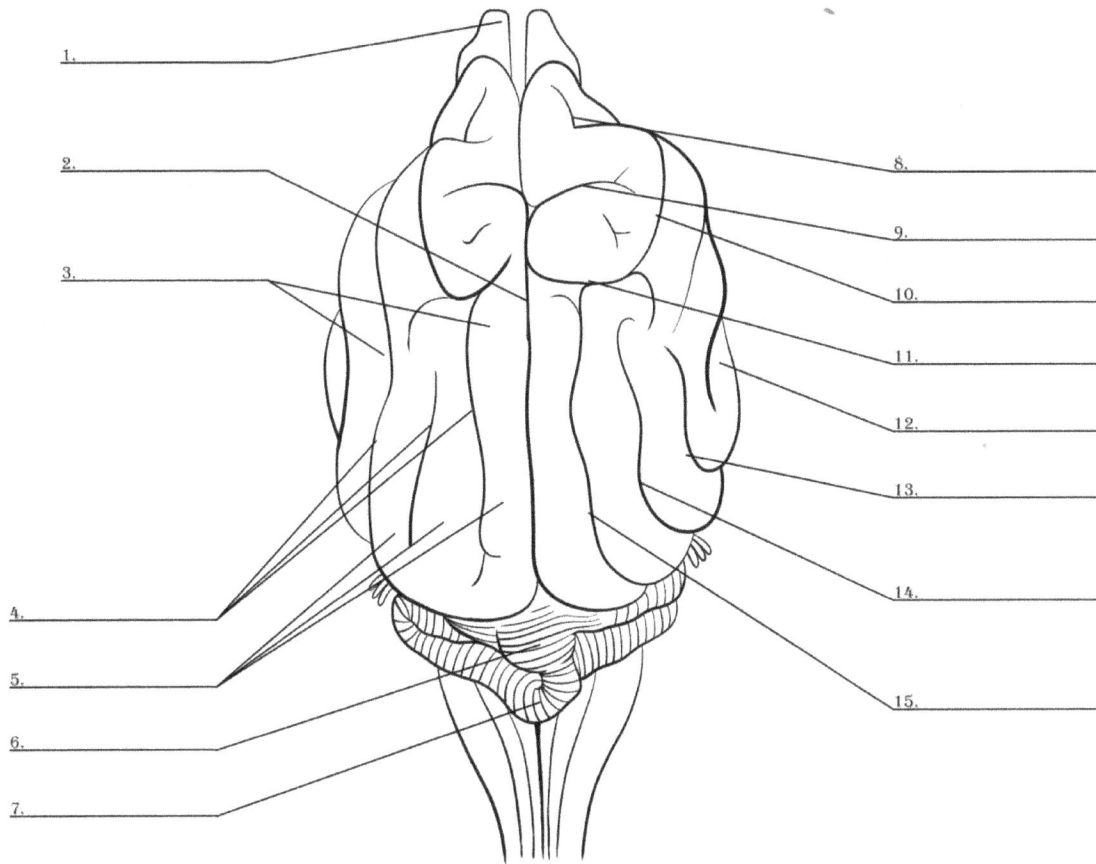

TRANSVERSE SECTION

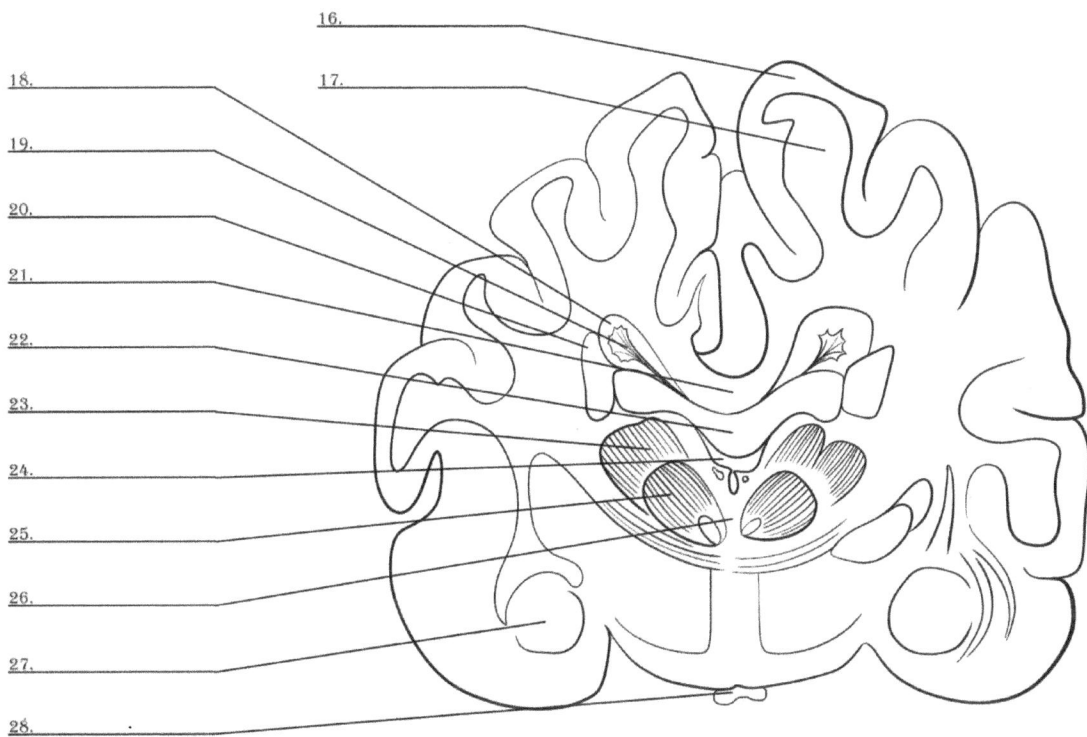

16. _____
17. _____
18. _____
19. _____
20. _____
21. _____
22. _____
23. _____
24. _____
25. _____
26. _____
27. _____
28. _____

SEKTION 48: DAS GEHIRN DES HUNDES

DORSALANSICHT

1. BULBUS OLFACTORIUS

2. LÄNGSSPALTE

3. HEMISPHÄRE DES GEHIRNS

4. ZEREBRALE SULCI

5. GYRI DES GROßHIRNS

6. KLEINHIRN

7. VERMIS DES KLEINHIRNS

8. PROREAN

9. SULCUS CRUCIATUS

10. KORONALER SULKUS

11. SULCUS ANSATE

12. SULCUS ECTOSYLVIANUS KAUDAL

13. SULCUS SUPRASYLVIANUS

14. EKTOMARGINALER SULKUS

15. MARGINALER SULKUS

16. TRANSVERSALE SEKTION

17. GROßHIRNRINDE (GRAUE SUBSTANZ)

18. MEDULLA (WEIßE SUBSTANZ)

19. SEITLICHER VENTRIKEL

20. PLEXUS CHOROIDEUS DES LATERALEN VENTRIKELS

21. NUCLEUS CAUDATUS

22. CORPUS CALLOSUM

23. FORNIX

24. ROSTRALER UND LATERALER KERN

25. DRITTER VENTRIKEL

26. INTERTHALAMISCHE ANHEFTUNG

27. NUCLEUS SUBTHALAMICUS

28. ÄUßERE KAPSEL

29. CHIASMA OPTICUM

SEKTION 49: DAS AUGE DES HUNDES

ROSTRAL VIEW

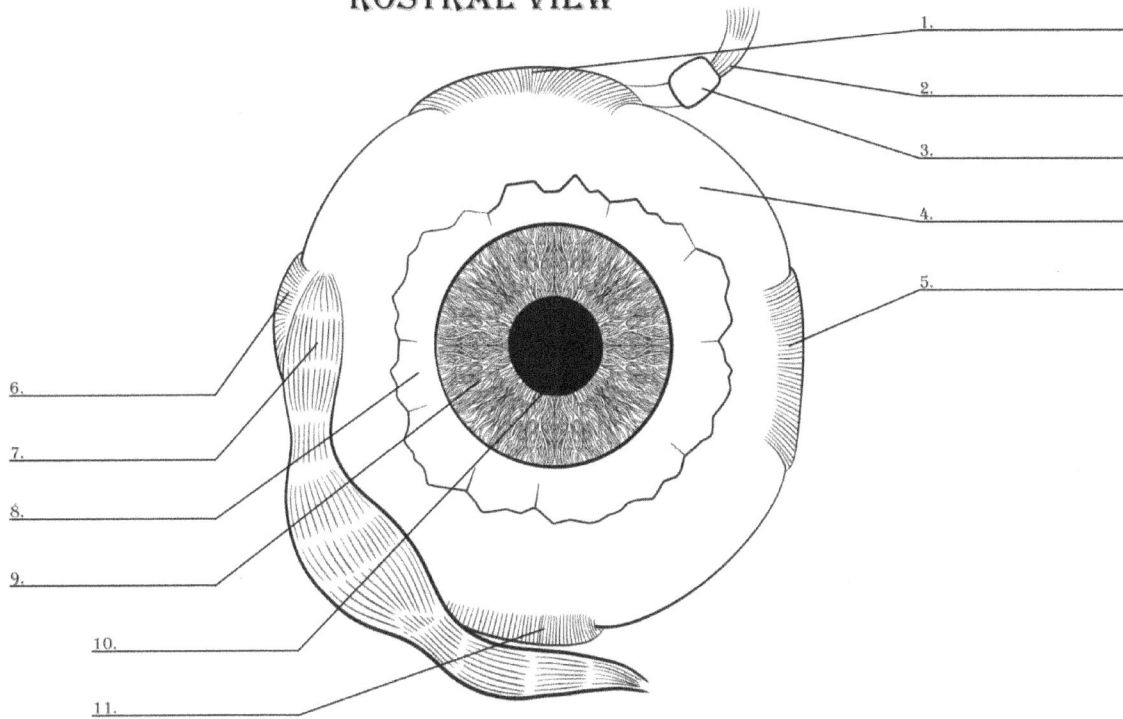

1.
2.
3.
4.
5.
6.
7.
8.
9.
10.
11.

NASAL VIEW

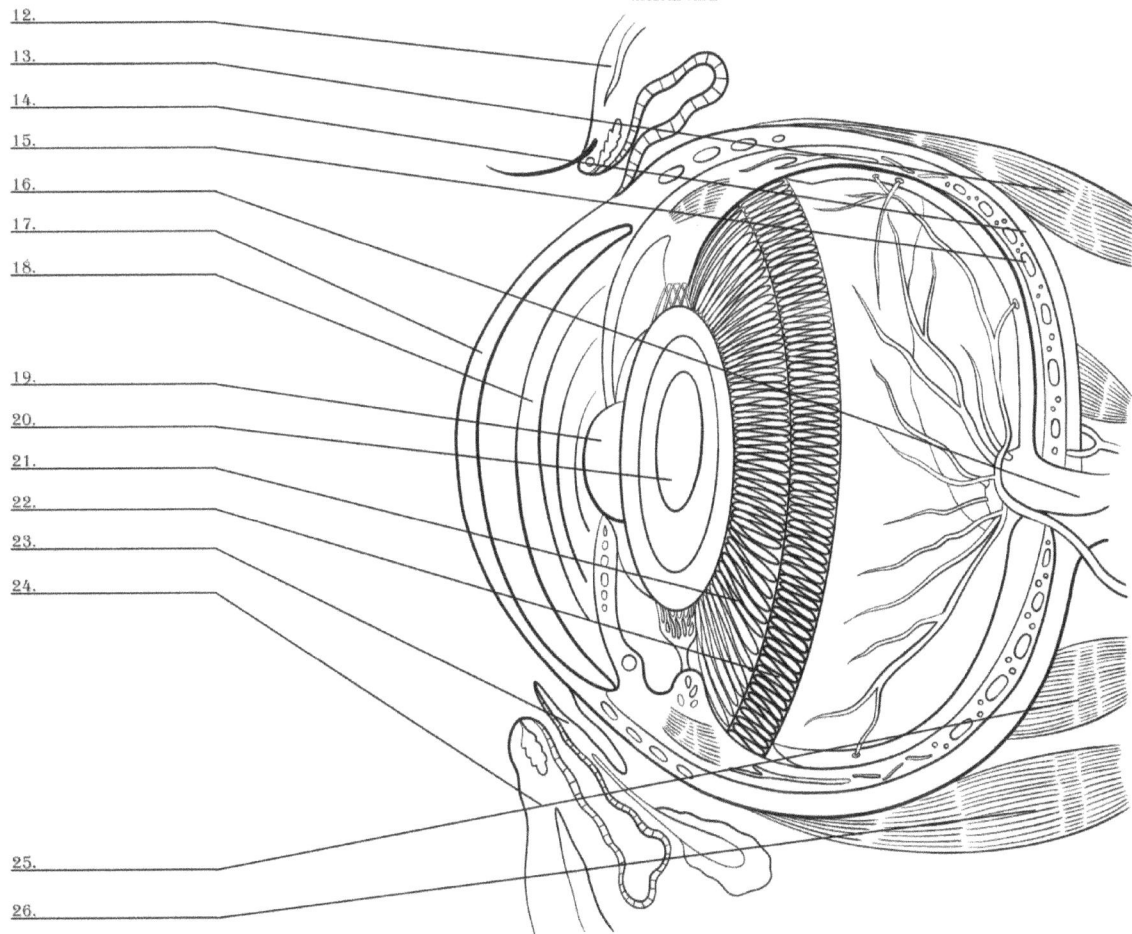

12.
13.
14.
15.
16.
17.
18.
19.
20.
21.
22.
23.
24.
25.
26.

SEKTION 49: DAS AUGE DES HUNDES

SEKTION 49: DAS AUGE DES HUNDES

ROSTRAL-ANSICHT

1. MUSKEL RECTUS DORSALIS

2. MUSCULUS OBLIQUUS DORSALIS

3. TROCHLEA

4. SKLERA

5. MUSKEL RECTUS MEDIUS

6. MUSCULUS RECTUS LATERALIS

7. MUSKEL OBLIQUUS VENTRIS

8. TUNICA CONJUNCTIVA DES BULBUS

9. IRIS

10. SCHÜLER

11. MUSKEL RECTUS VENTRIS

ANSICHT VON DER NASE

12. OBERES AUGENLID

13. MUSCULUS RECTUS DORSALIS

14. SKLERA

15. ADERHAUT

16. SEHNERV

17. HORNHAUT

18. IRIS

19. SCHÜLER

20. OBJEKTIV

21. ZILIARKÖRPER

22. AUGENBRAUENWURZEL (ORBICULARIS CILIARIS)

23. DRITTES AUGENLID

24. UNTERER AUGENLIDRAND

25. RETRAKTOR BULBI MUSKEL

26. VENTRALER REKTUSMUSKEL

SEKTION 50: DIE NASE DES HUNDES

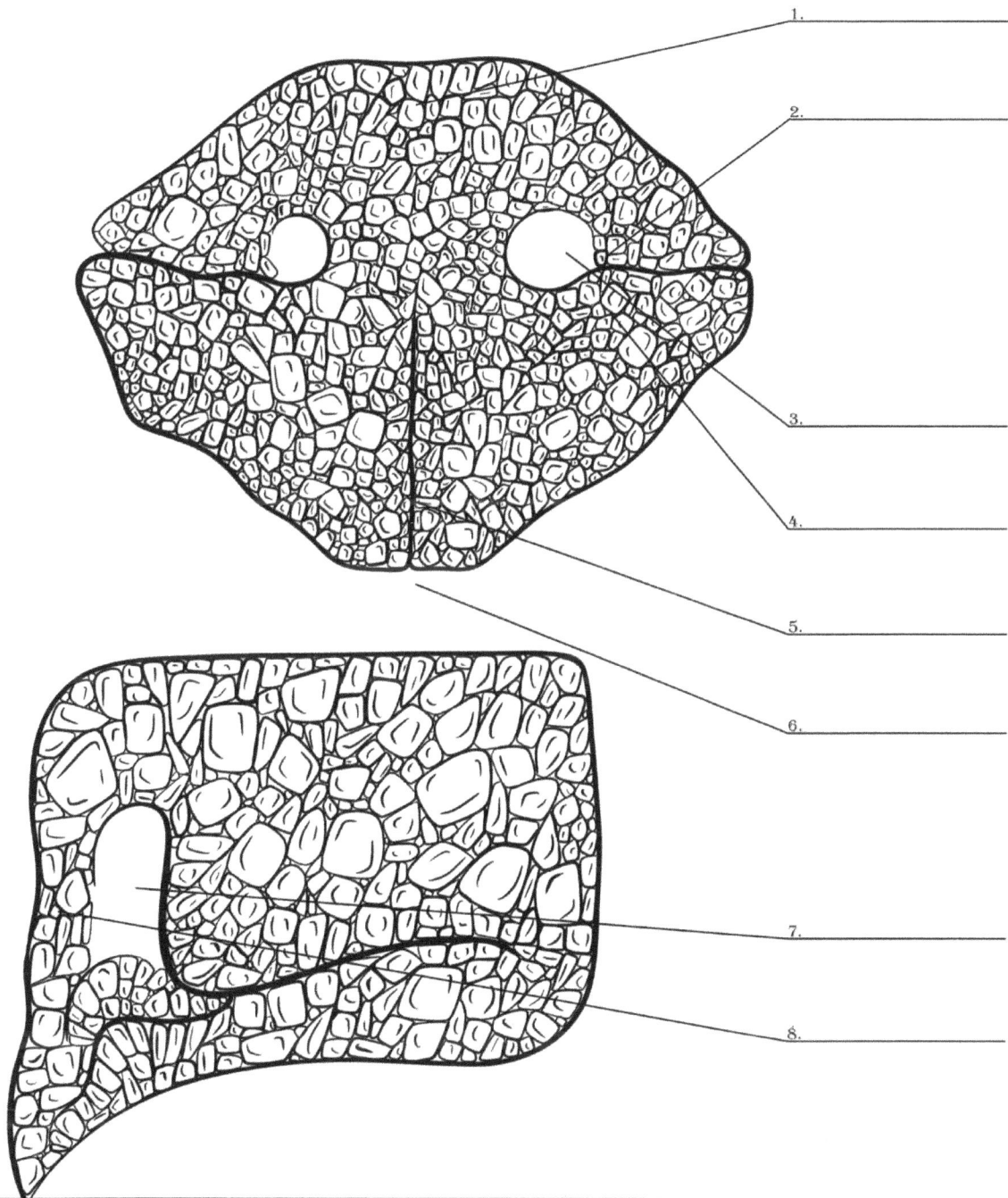

1. _____

2. _____

3. _____

4. _____

5. _____

6. _____

7. _____

8. _____

SEKTION 50: DIE NASE DES HUNDES

1. NASENPOLSTER ODER RHINARIUM

2. ALAR-FALTE

3. WAHRES NASENLOCH

4. FALSCHES NASENLOCH

5. LABIALFURCHE

6. OBERLIPPE

7. ÄUßERE NASENLÖCHER

8. PHILTRUM

SEKTION 51: DAS OHR DES HUNDES

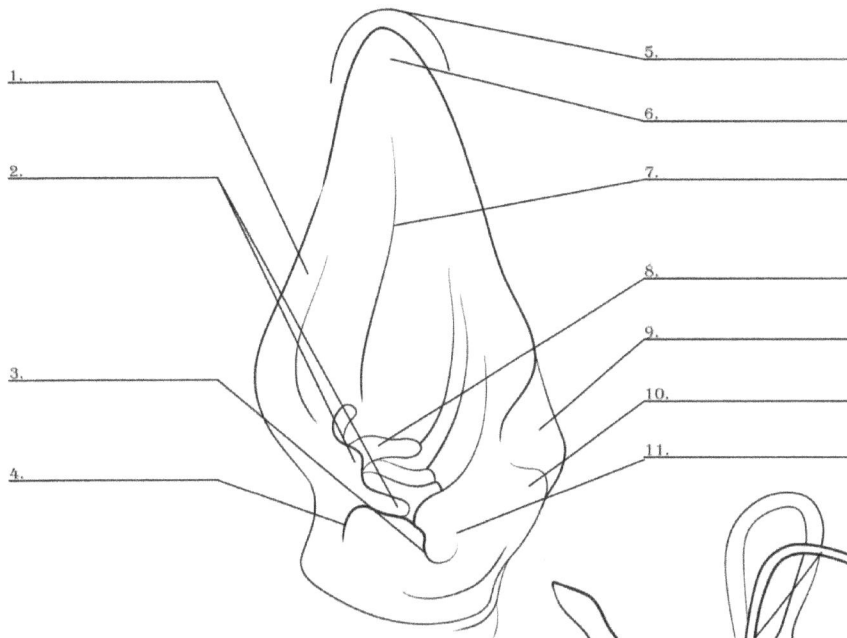

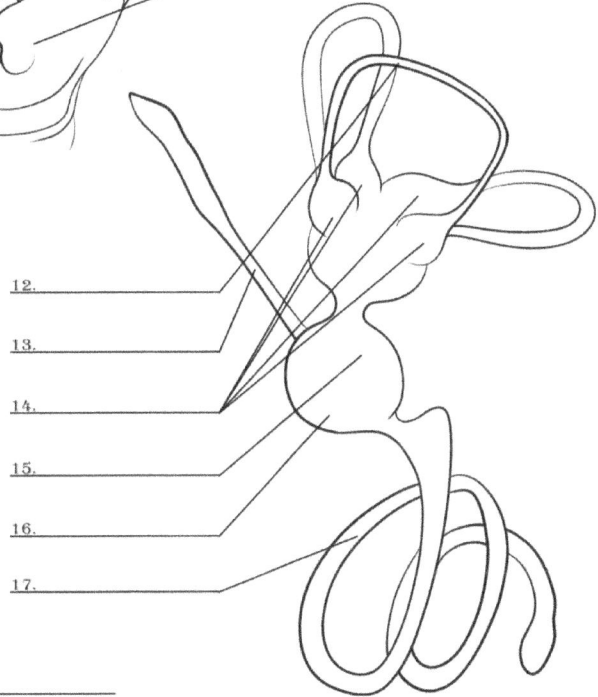

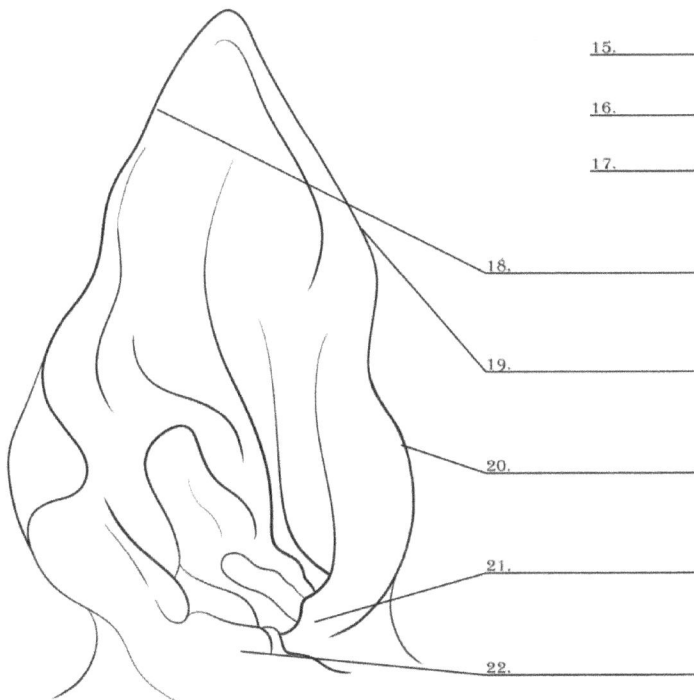

1.
2.
3.
4.

5.
6.
7.
8.
9.
10.
11.

12.
13.
14.
15.
16.
17.

18.
19.
20.
21.
22.

SEKTION 51: DAS OHR DES HUNDES

1. SPINA HELICIS
2. CURA HELICIS
3. INTERTRAGISCHE KERBE
4. PRÄTRAGISCHE KERBE
5. HELIX
6. APEX
7. SCAPHA
8. ANTHELIX
9. KUTANE TASCHE
10. CAUDA HELICIS
11. ANTITRAGUS
12. DUCTUS SEMICIRCULARIS
13. ENDOLÝMPHATISCHER SACK
14. MEMBRANÖSE AMPULLEN
15. UTRICULUS
16. SACCULUS
17. DUCTUS COCHLEARIS
18. SEITLICHER RAND DER HELIX
19. MEDIALER RAND DER HELIX
20. WIRBELSÄULE DER HELIX
21. SEITLICHER CRUS DER HELIX
22. TRAGUS

SEKTION 52: THORAXGLIEDMAßE LATERALE SEITE

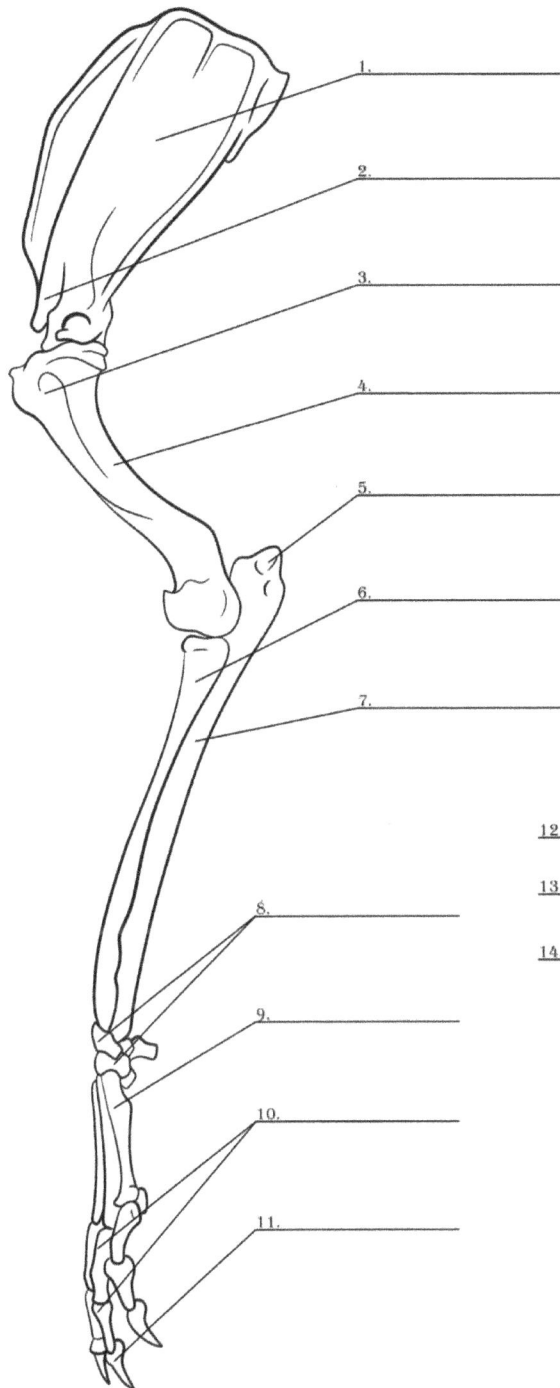

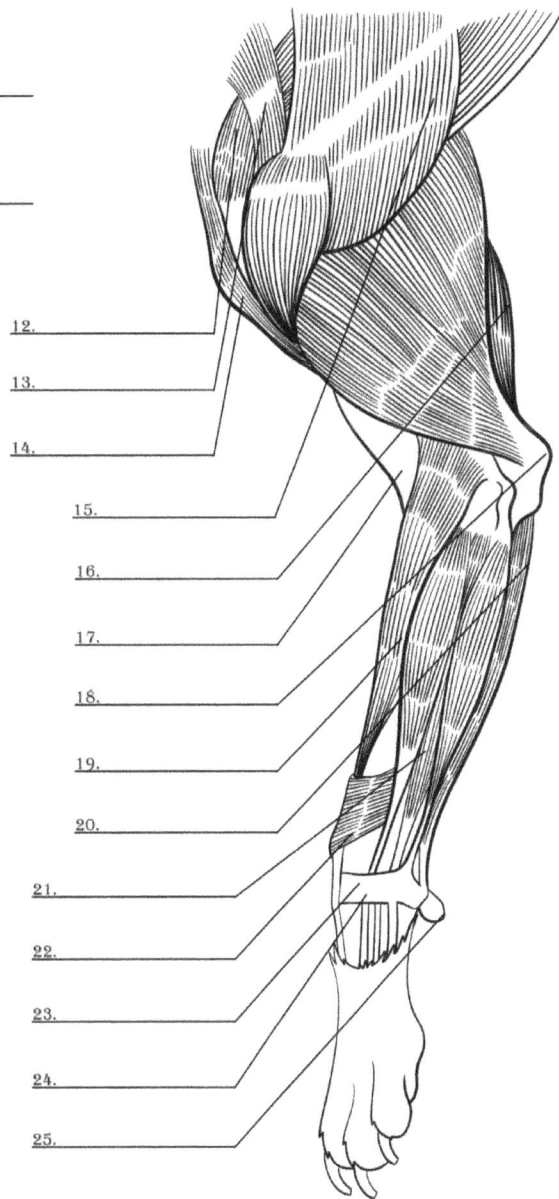

1. _____

2. _____

3. _____

4. _____

5. _____

6. _____

7. _____

8. _____

9. _____

10. _____

11. _____

12. _____

13. _____

14. _____

15. _____

16. _____

17. _____

18. _____

19. _____

20. _____

21. _____

22. _____

23. _____

24. _____

25. _____

SEKTION 52: THORAXGLIEDMAßE LATERALE SEITE

1. SCHULTERBLATT

2. WIRBELSÄULE DES SCHULTERBLATTS

3. MUSKELKONDYLUS DES OBERARMKNOCHENS

4. OBERARMKNOCHEN

5. FORTSATZ DER ELLE

6. RADIUS

7. ELLE

8. HANDWURZELKNOCHEN

9. MITTELHANDKNOCHEN

10. GRUND- UND MITTELPHALANGENKNOCHEN

11. KRALLEN-KNOCHEN

12. SUPRASPINATUS-MUSKEL

13. OMOTRANSVERSARIUS-MUSKEL

14. BRACHIOCEPHALICUS-MUSKEL

15. TRAPEZIUS-MUSKEL

16. MUSKEL TRICEPS BRACHII

17. MUSKEL BRACHIALIS

18. OLEKRANON

19. MUSKEL BRACHIORADIALIS

20. MUSKEL FLEXOR CARPI ULNARIS

21. MUSKEL EXTENSOR DIGITORUM LATERALIS

22. MUSKEL ABDUCTOR DIGITI 1. LONGUS

23. MUSKEL EXTENSOR CARPI ULNARIS

24. TRANSVERSALES SEHNEN-FIXATIONSBAND DER HANDWURZEL

25. KARPALKISSEN

SEKTION 53: THORAXGLIEDMAßEN KRANIALER ASPEKT

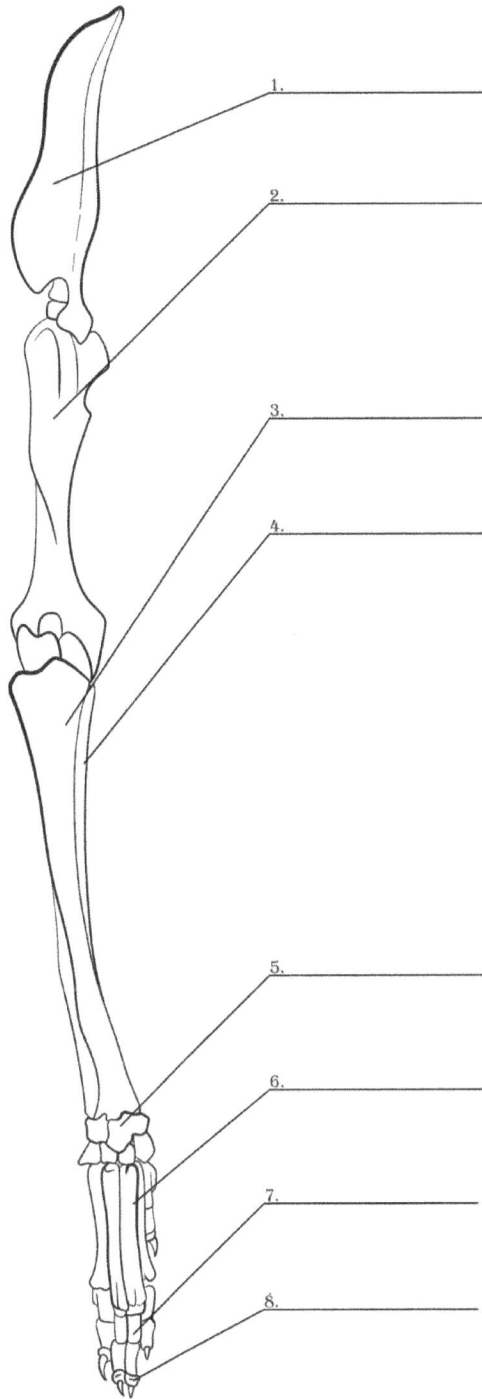

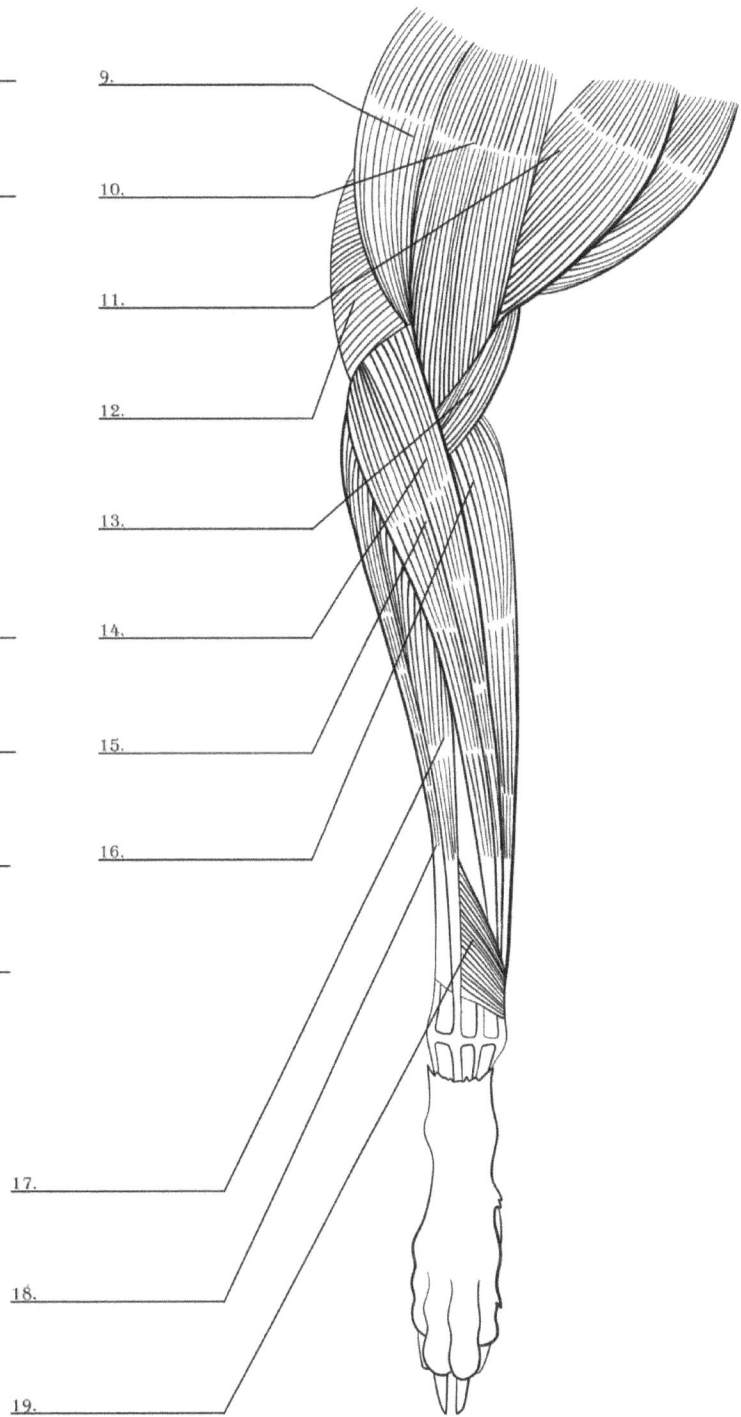

1. _____

2. _____

3. _____

4. _____

5. _____

6. _____

7. _____

8. _____

9. _____

10. _____

11. _____

12. _____

13. _____

14. _____

15. _____

16. _____

17. _____

18. _____

19. _____

SEKTION 53: THORAXGLIEDMAßEN KRANIALER ASPEKT

1. SCHULTERBLATT
2. OBERARMKNOCHEN
3. RADIUS
4. ULNA
5. KARPUS
6. MITTELHANDKNOCHEN
7. PHALANX
8. KLAUE
9. DELTOIDEUS-MUSKEL
10. BRACHIOCEPHALICUS-MUSKEL
11. MUSKEL PECTORALIS SUPERFICIALIS
12. MUSKEL TRIZEPS BRACHII
13. BRACHIALIS-MUSKEL
14. BRACHIORADIALIS-MUSKEL
15. MUSKEL EXTENSOR CARPI RADIALIS
16. PRONATOR TERES & FLEXOR CARPI RADIALIS MUSKEL
17. EXTENSOR DIGITORUM COMMUNIS MUSKEL
18. EXTENSOR DIGITORUM LATERALIS MUSKEL
19. TRANSVERSALES SEHNEN-FIXIERBAND DER HANDWURZEL

SEKTION 54: BECKENSCHENKEL SEITLICHE ANSICHT

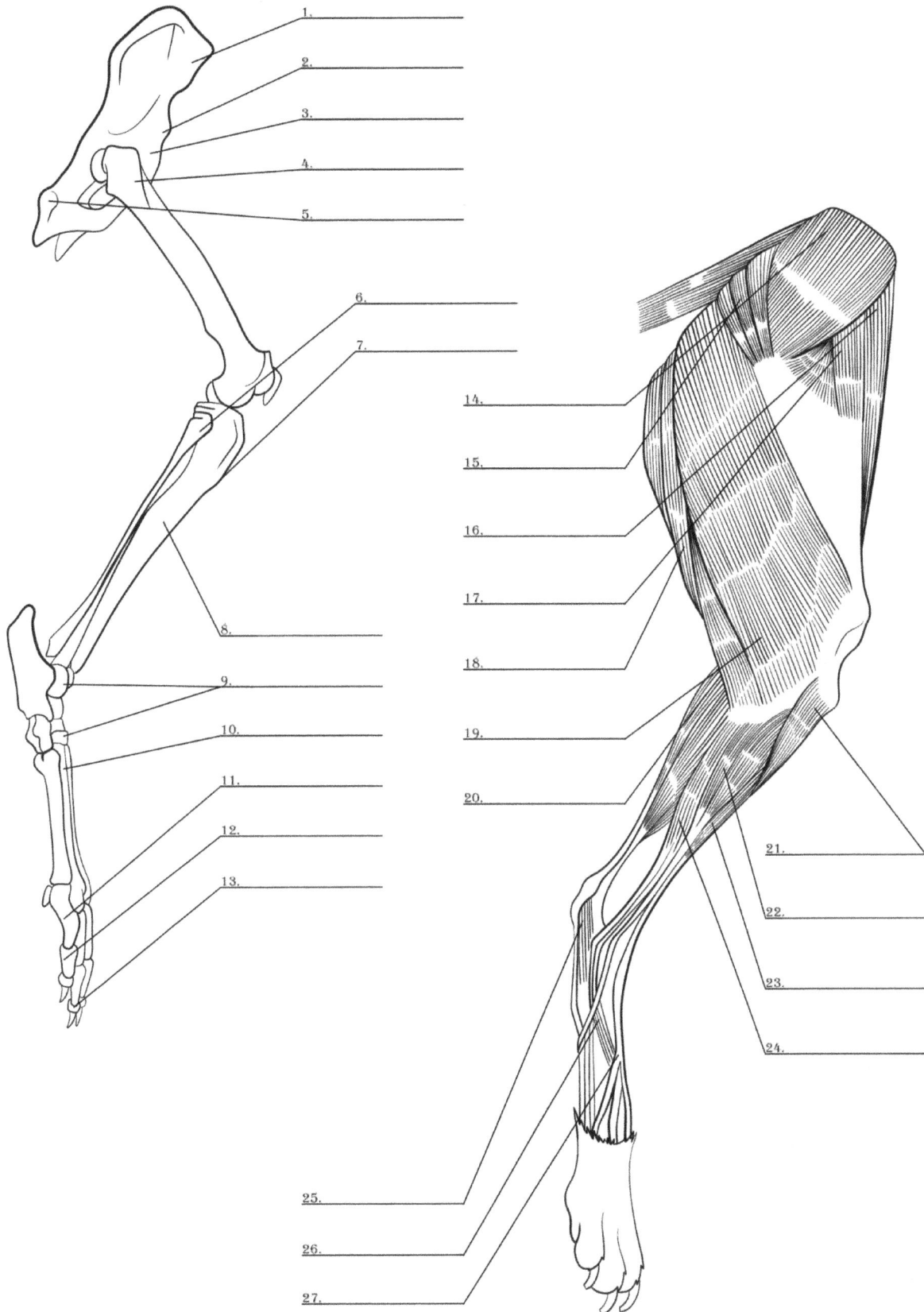

1.

2.

3.

4.

5.

6.

7.

8.

9.

10.

11.

12.

13.

14.

15.

16.

17.

18.

19.

20.

21.

22.

23.

24.

25.

26.

27.

SEKTION 54: BECKENSCHENKEL SEITLICHE ANSICHT

1. HÜFTKNOCHEN

2. SCHAMBEIN

3. BECKEN

4. OBERSCHENKELKNOCHEN

5. ISCHIUM

6. WADENBEIN

7. TIBIAKAMM

8. SCHIENBEIN

9. FUßWURZELKNOCHEN

10. MITTELFUßKNOCHEN

11. MITTELPHALANGEN

12. PROXIMALE PHALANGEN

13. KLAUENKNOCHEN

14. MUSKEL GLUTEUS MEDIUS

15. MUSKEL GLUTEUS SUPERFICIALIS

16. SARTORIUS-MUSKEL

17. MUSKEL TENSOR FASCIAE LATAE

18. SEMITENDINOSUS-MUSKEL

19. BIZEPS FEMORIS MUSKEL

20. TRICEPS SURAE MUSKEL

21. TIBIALIS-CRANIALIS-MUSKEL

22. PERONEUS LONGUS MUSKEL

23. MUSKEL EXTENSOR DIGITORUM LONGUS

24. MUSKEL FLEXOR HALLUCIS LONGUS

25. FLEXOR DIGITORUM SUPERFICIALIS MUSKEL

26. MUSKEL EXTENSOR DIGITORUM BREVIS

27. EXTENSOR DIGITORUM LATERALIS MUSKEL

SEKTION 55: BECKENSCHENKEL KAUDALER ASPEKT

1.

2.

3.

4.

5.

6.

7.

8.

9.

10.

11.

12.

13.

14.

15.

16.

17.

18.

19.

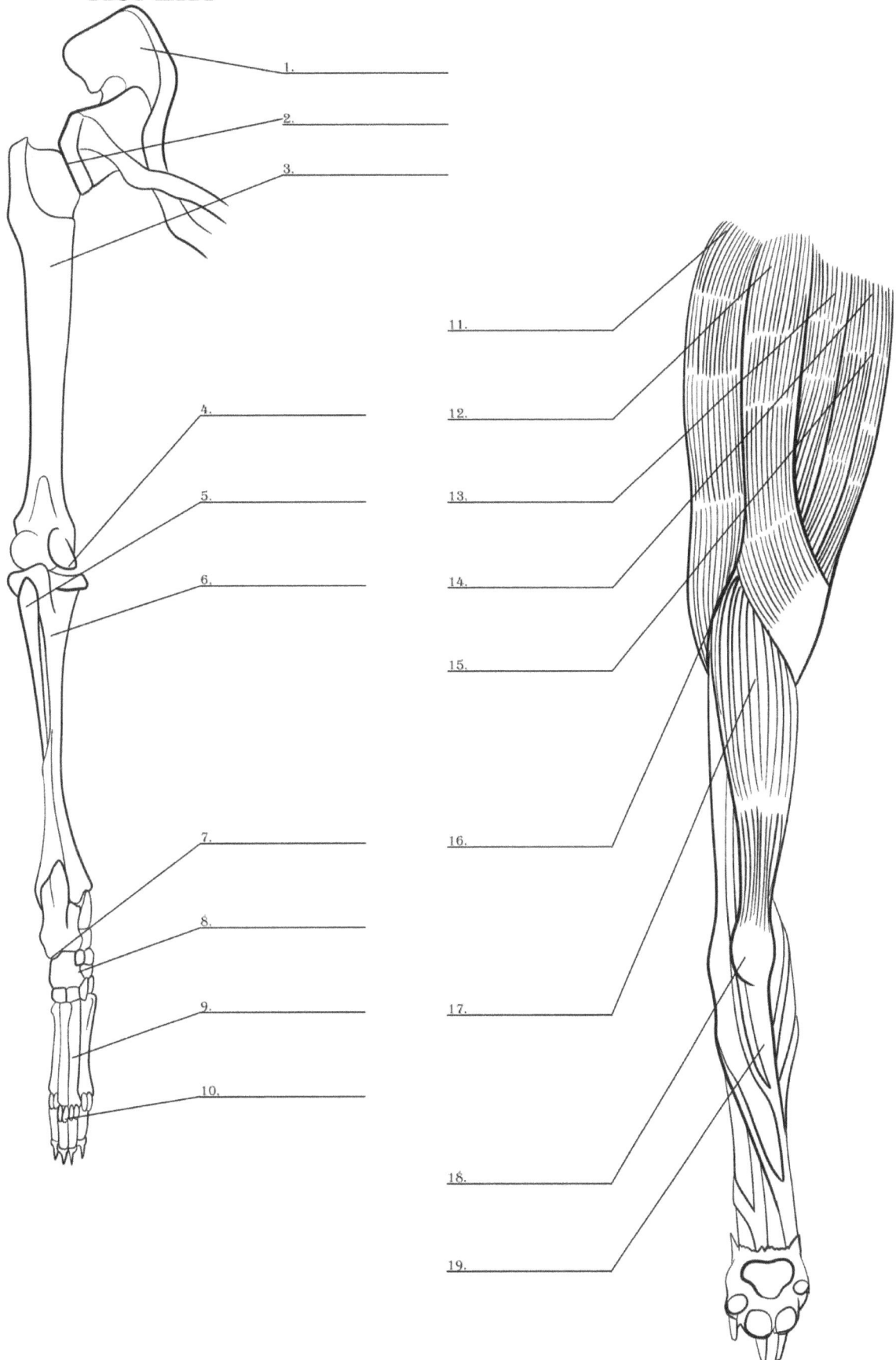

SEKTION 55: BECKENSCHENKEL KAUDALER ASPEKT

1. BECKEN

2. HÜFTGELENK

3. OBERSCHENKELKNOCHEN

4. KNIEGELENK

5. WADENBEIN

6. SCHIENBEIN

7. FUßWURZELGELENK

8. FUßWURZEL

9. MITTELFUß

10. PHALANGEALGELENKE

11. MUSKEL BICEPS FEMORIS (OBERSCHENKELMUSKEL)

12. SEMITENDINOSUS-MUSKEL

13. SEMIMEMBRANOSUS-MUSKEL

14. GRACILIS-MUSKEL

15. SARTORIUS-MUSKEL

16. ISCHIASFURCHE

17. MUSKEL TRICEPS SURAE

18. TUBERCULUM CALQENEAU

19. SEHNEN DER DIGITALFLEXOREN

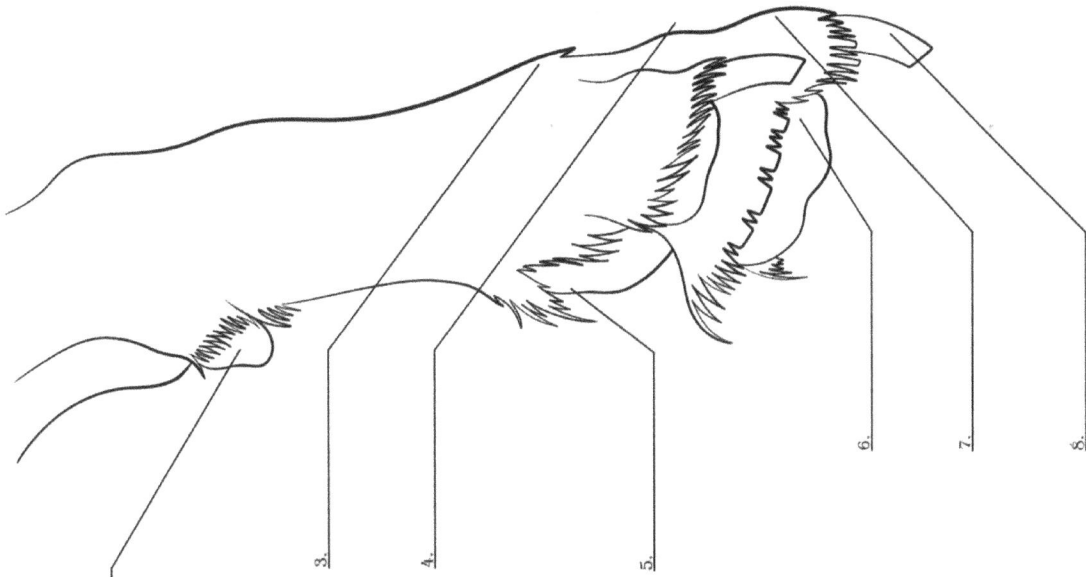

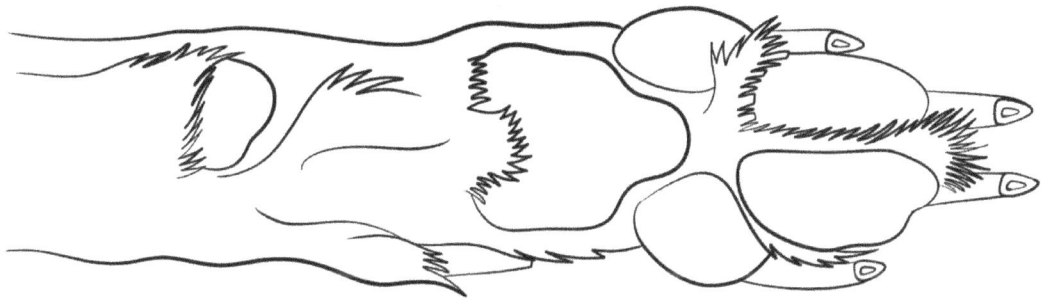

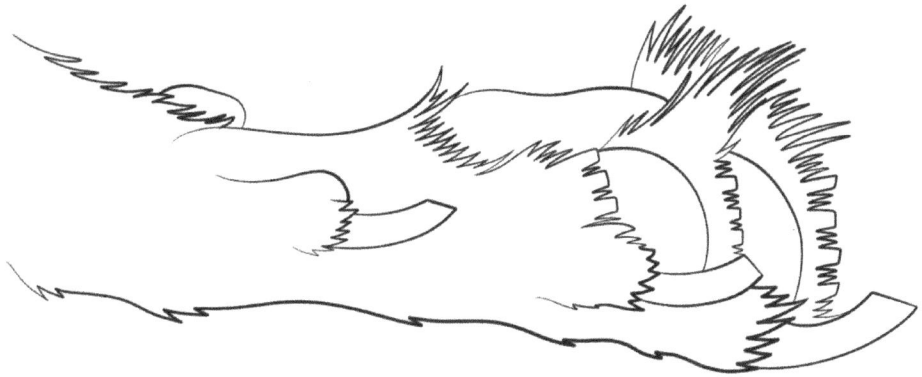

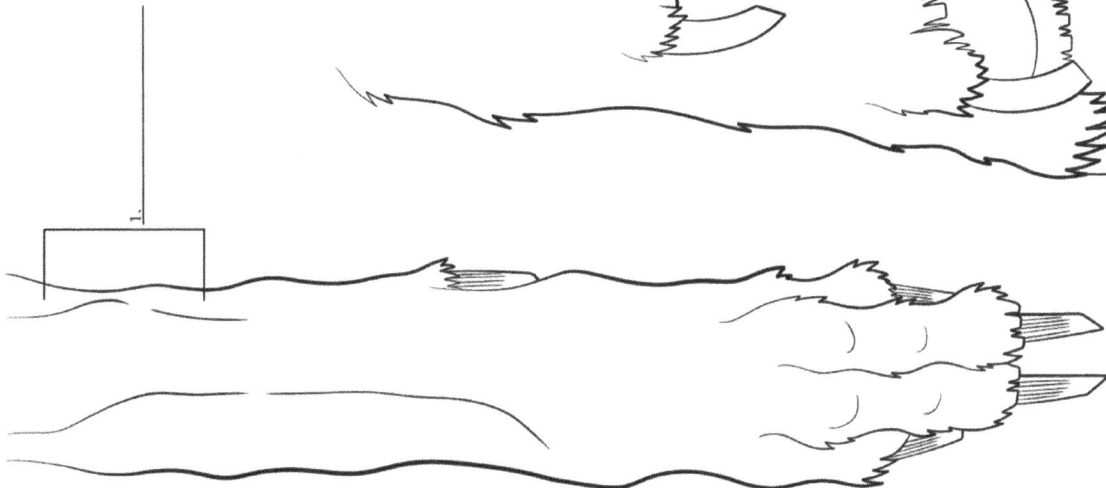

SEKTION 56: DIE PFOTE DES HUNDES 1

1. KARPALGELENK

2. HANDWURZELPOLSTER

3. GROßZEHENGRUNDGELENK

4. DISTALPHALANGEALGELENK

5. PALMAR-PELOTTE

6. PHALANGEALPOLSTER

7. KRALLENGELENK

8. KRALLENHORN

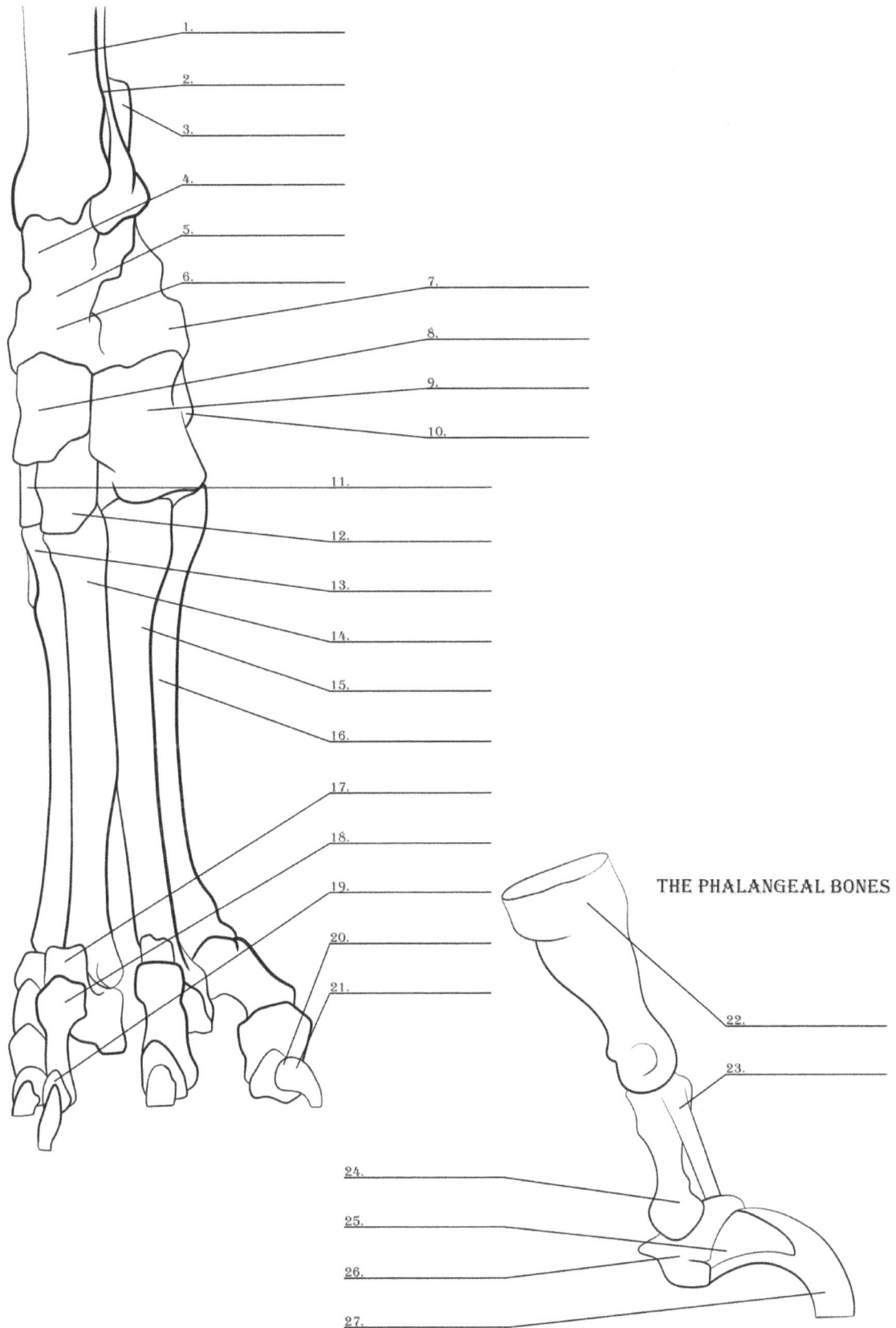

SEKTION 57: DIE PFOTE DES HUNDES
2

1.

2.

3.

4.

5.

6.

7.

8.

9.

10.

11.

12.

13.

14.

15.

16.

17.

18.

19.

20.

21.

THE PHALANGEAL BONES

22.

23.

24.

25.

26.

27.

SEKTION 57: DIE PFOTE DES HUNDES 2

1. SCHIENBEIN

2. WADENBEIN

3. TUBEROSITAS CALCANEI

4. TALUS TROCHLEA

5. HALS

6. KOPF

7. FERSENBEIN

8. MITTLERE FUßWURZEL

9. FUßWURZEL 4

10. SULKUS FÜR MUSKEL PERONEUS LONGUS

11. FUßWURZEL 2

12. FUßWURZEL 3

13. MITTELFUßKNOCHEN 2

14. MITTELFUßKNOCHEN 3

15. MITTELFUßKNOCHEN 4

16. MITTELFUßKNOCHEN 5

17. PHALANX PROXIMAL

18. PHALANX MITTEL

19. PHALANX DISTAL

20. UNGUIKULARKAMM

21. LEISTENFORTSATZ

22. PROXIMALE PHALANX

23. MITTLERE PHALANX

24. DORSALES LIGAMENT DER KRALLE

25. FURCHE DES KRALLENBEINS

26. KRALLENGELENK

27. SPITZE DES KRALLENBEINS

SEKTION 58: DIE KRALLE DES HUNDES

EPIDERMIS

1. _____
2. _____
3. _____
4. _____
5. _____

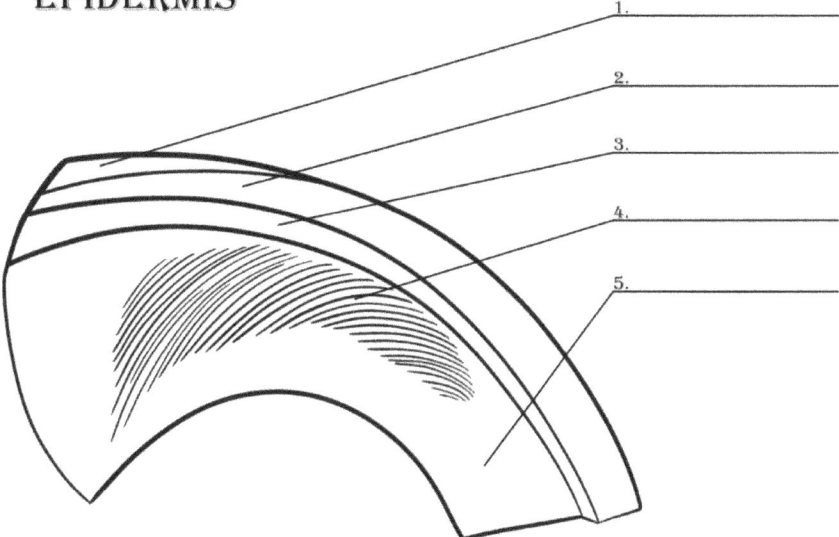

DERMIS (CORIUM)

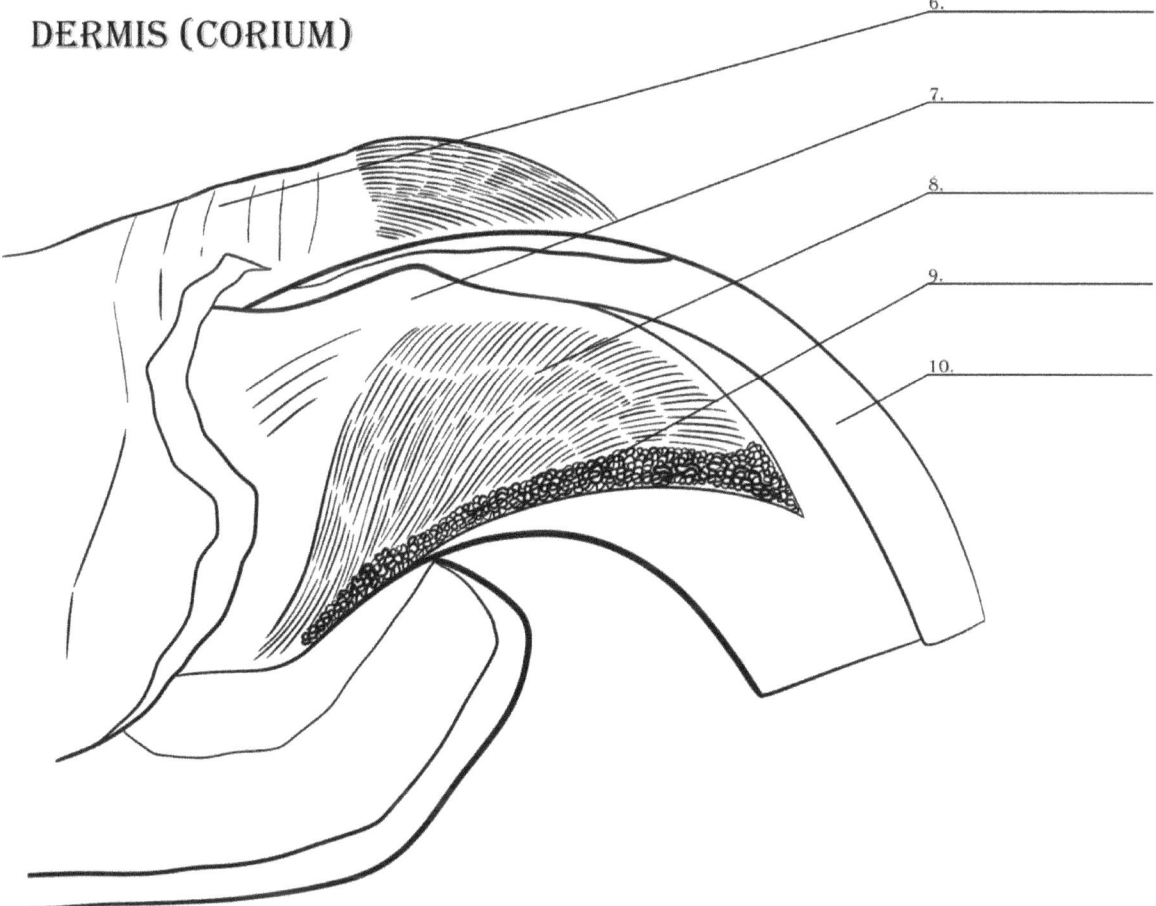

6. _____
7. _____
8. _____
9. _____
10. _____

SEKTION 58: DIE KRALLE DES HUNDES

EPIDERMIS

1. EPONYCHIUM

2. MESONYCHIUM

3. HYPONYCHIUM RÜCKGRAT

4. SEITLICHES HYPONYCHIUM

5. HYPONYCHIUM TERMINAL

DERMIS (CORIUM)

6. VALLUM

7. DERAMAL DORSUM

8. DERMAL-LAMELLEN

9. DERMALE PAPILLEN

10. MESONYCHIUM

SEKTION 59: DAS HERZ DES HUNDES

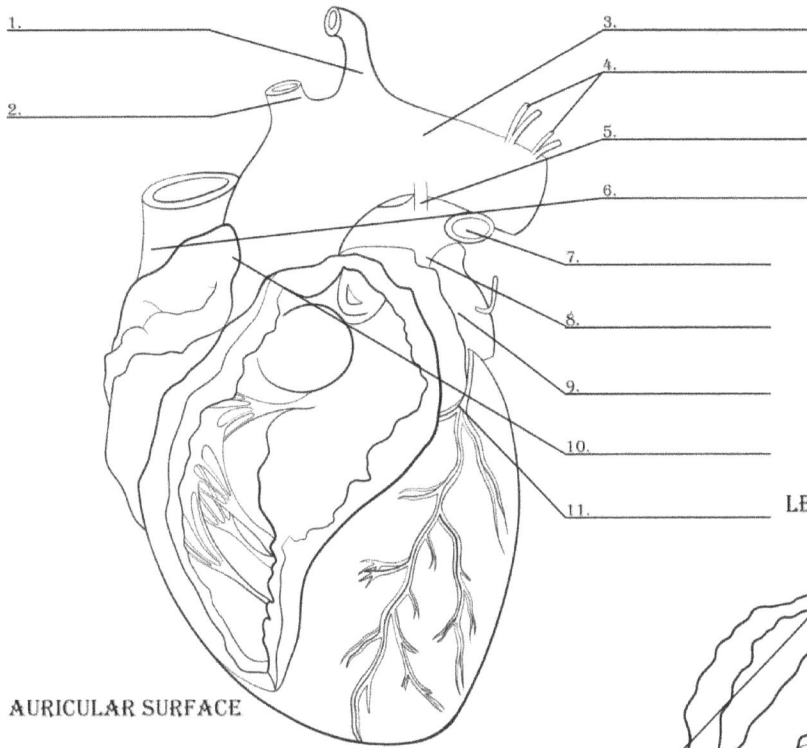

1. _____

2. _____

3. _____

4. _____

5. _____

6. _____

7. _____

8. _____

9. _____

10. _____

11. _____

AURICULAR SURFACE

LEFT ATRIUM AND LEFT VENTRICLE

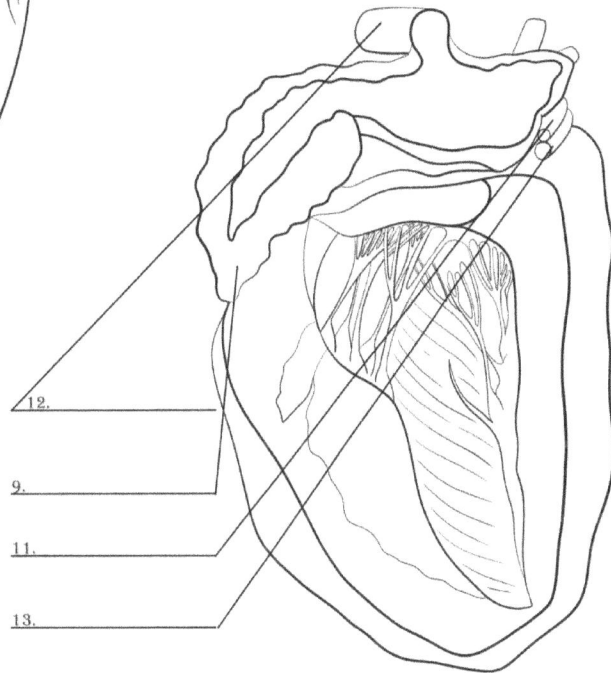

12. _____

9. _____

11. _____

13. _____

BASE OF THE HEART

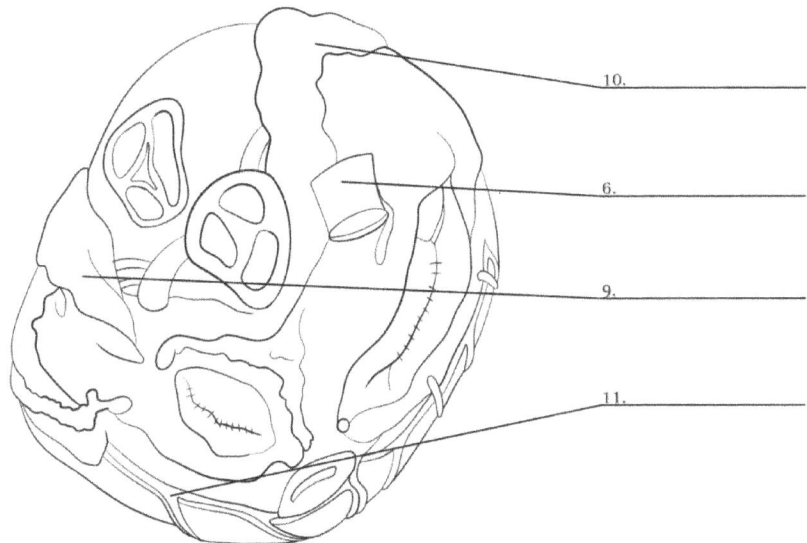

10. _____

6. _____

9. _____

11. _____

SEKTION 59: DAS HERZ DES HUNDES

1. AORTA SUBCLAVIA LINKS
2. TRUNCUS BRACHIOCEPHALICUS
3. AORTA
4. INTERKOSTALE ARTERIEN
5. LIGAMENTUM ARTERIOSUM
6. VENA CAVA KRANIALIS
7. LINKE PULMONALARTERIE
8. PULMONALSTAMM
9. LINKE OHRMUSCHEL
10. RECHTER VORHOF
11. GROßE HERZVENE
12. PULMONALVENE
13. ZIRKUMFLEXER AST

SEKTION 60: DIE LUNGE DES HUNDES

VENTRAL VIEW

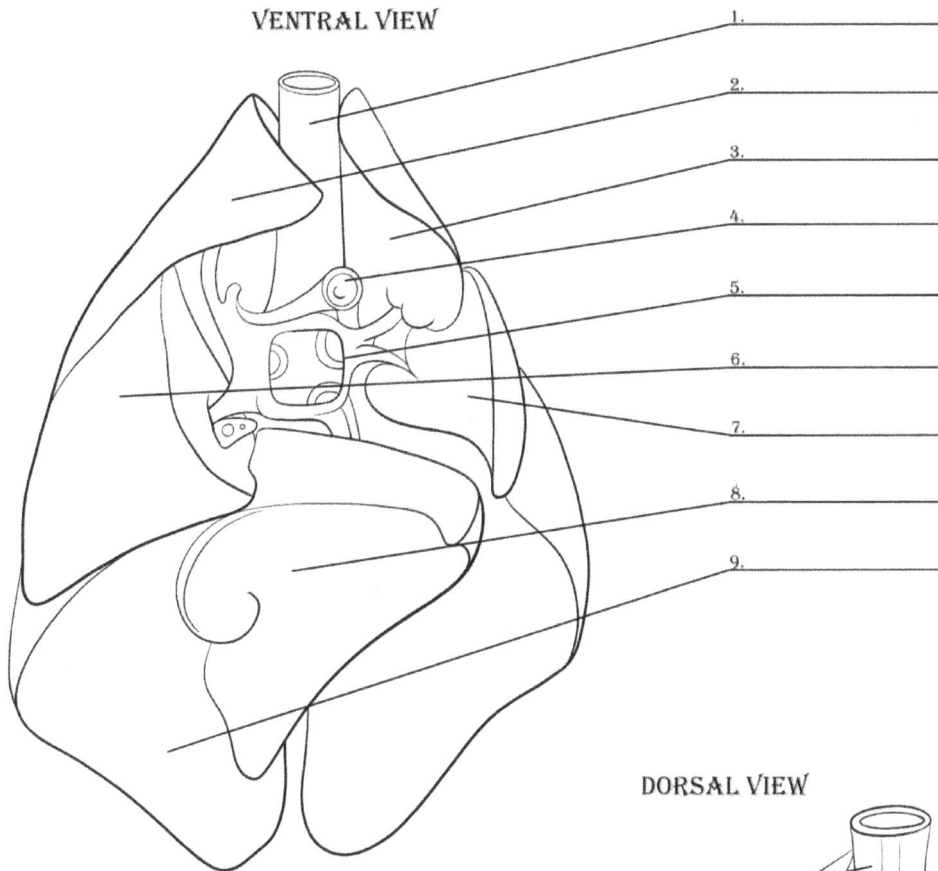

1. _____
2. _____
3. _____
4. _____
5. _____
6. _____
7. _____
8. _____
9. _____

DORSAL VIEW

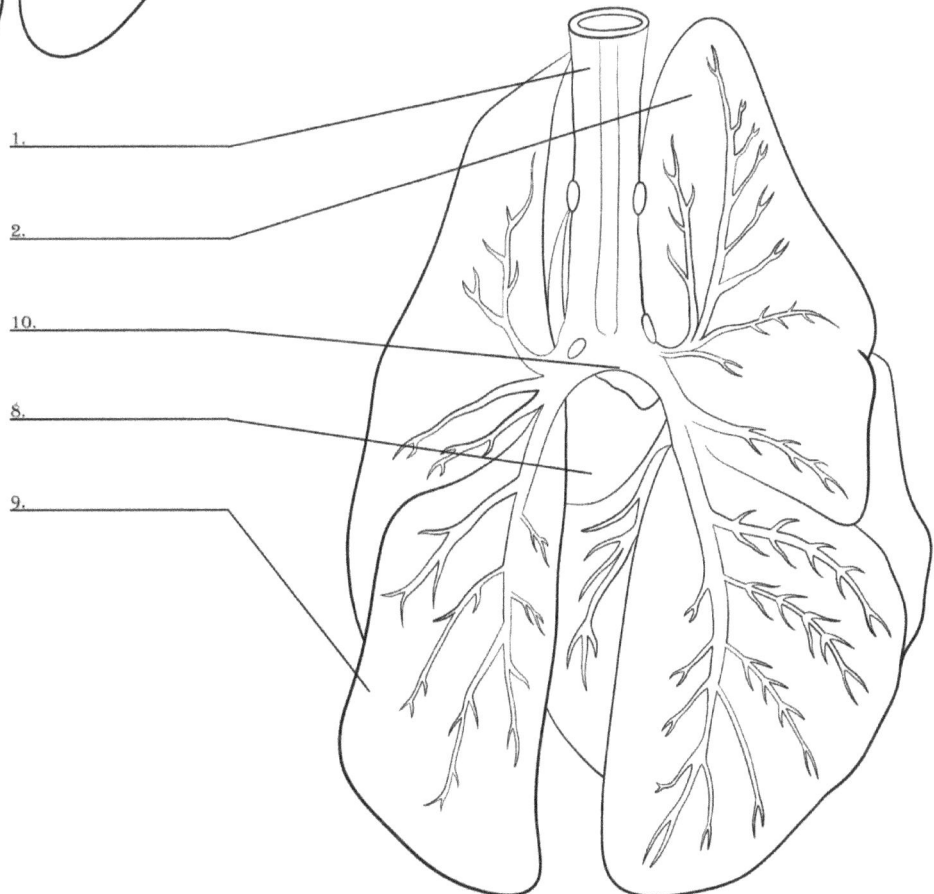

1. _____
2. _____
10. _____
8. _____
9. _____

SEKTION 60: DIE LUNGE DES HUNDES

1. LUFTRÖHRE

2. SCHÄDELLAPPEN

3. KRANIALER TEIL

4. STAMM DER LUNGE

5. PULMONALVENEN

6. MITTLERER LAPPEN

7. KAUDALER TEIL

8. AKZESSORISCHER LAPPEN

9. CAUDAL-LAPPEN

10. VERZWEIGUNG DER LUFTRÖHRE

SEKTION 61: DER MAGEN DES HUNDES

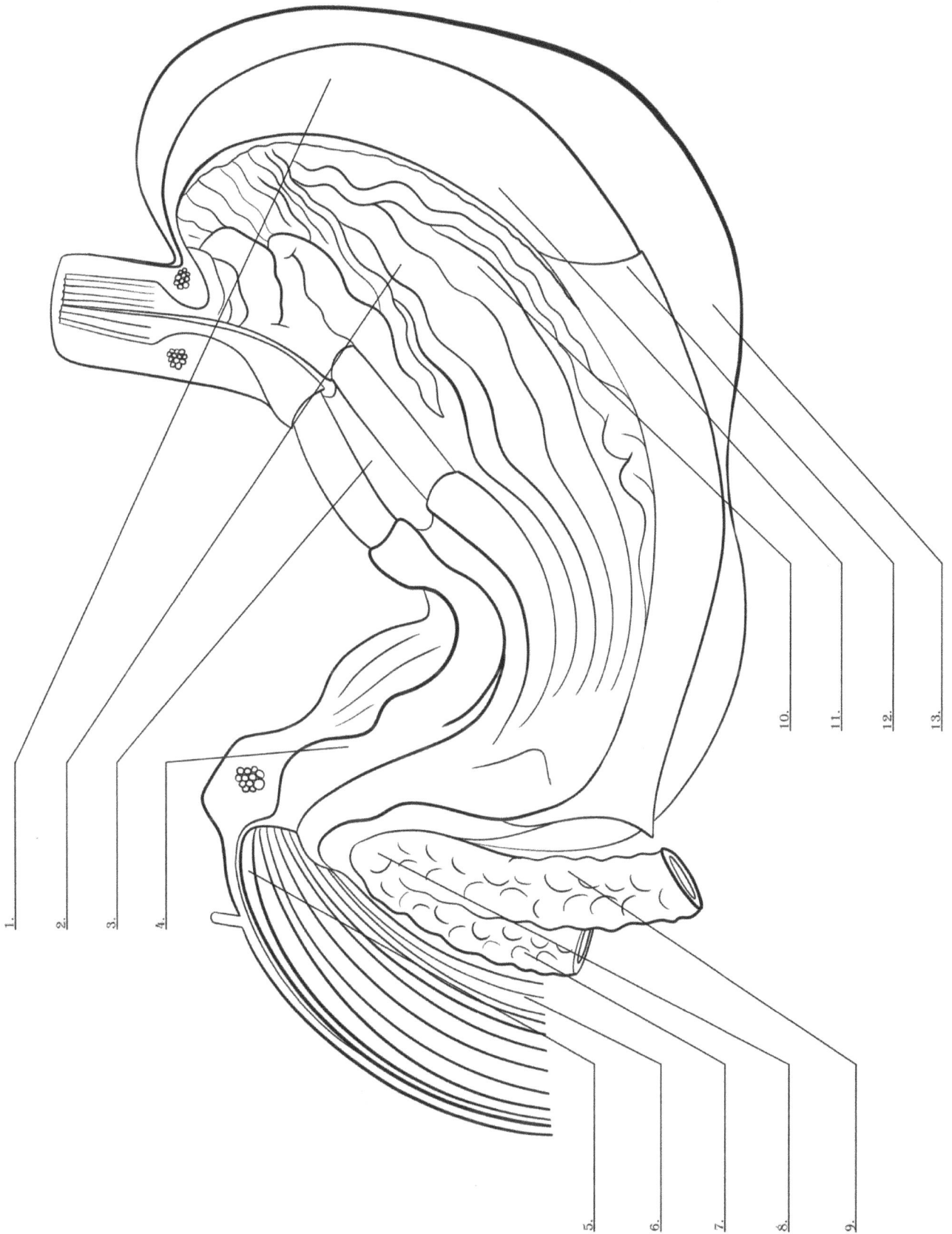

1.

2.

3.

4.

5.

6.

7.

8.

9.

10.

11.

12.

13.

SEKTION 61: DER MAGEN DES HUNDES

1. SCHRÄGE FASERN DES EXTRAKTORS

2. SCHLEIMHAUT UND MAGENFALTEN

3. MAGENFURCHE

4. PYLORUS-KANAL

5. CRANIALER TEIL DES DUODENUMS

6. ABSTEIGENDER TEIL DES ZWÖLFFINGERDARMS

7. RECHTER LAPPEN DER BAUCHSPEICHELDRÜSE

8. KÖRPER DER BAUCHSPEICHELDRÜSE

9. LINKER LAPPEN DER BAUCHSPEICHELDRÜSE

10. MAGENKÖRPER

11. LÄNGLICHE SCHICHT

12. KREISFÖRMIGE SCHICHT

13. SERÖSE SCHICHT

SEKTION 62: DIE LEBER DES HUNDES

VENTRAL

1.
2.
3.
4.
5.
6.
7.
8.
9.
10.
11.
12.
13.
14.

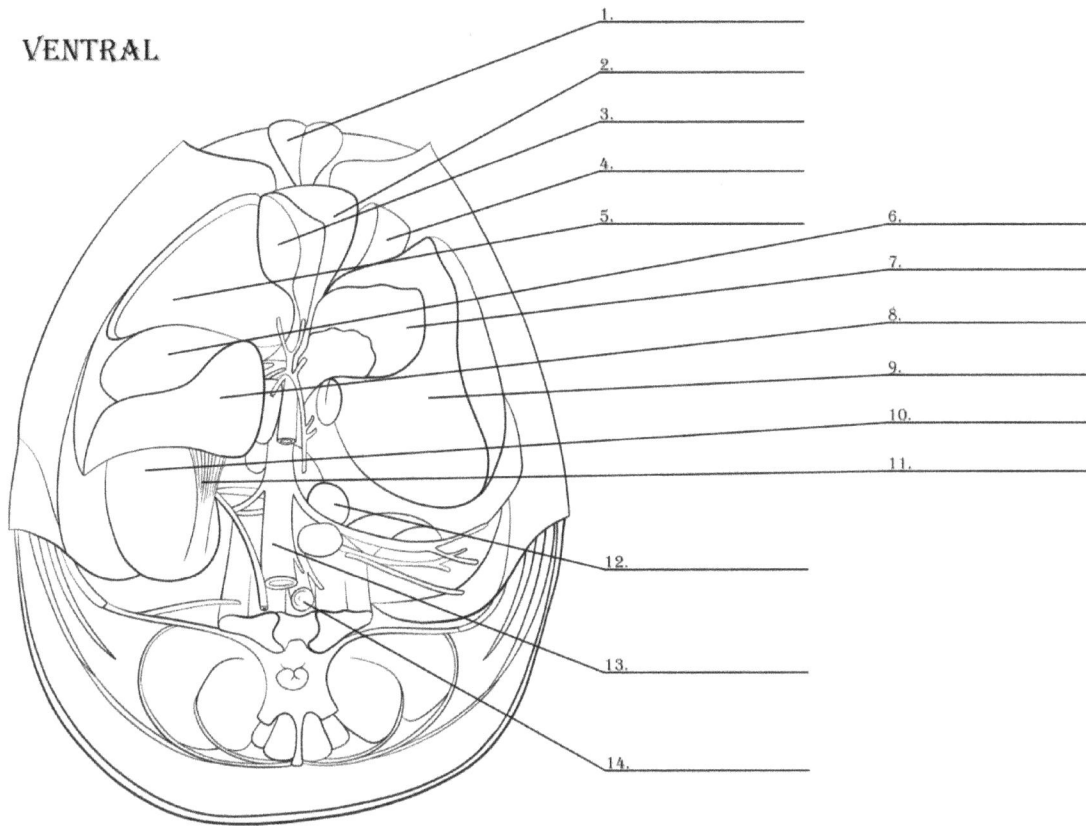

VISCLERAL SURFACE

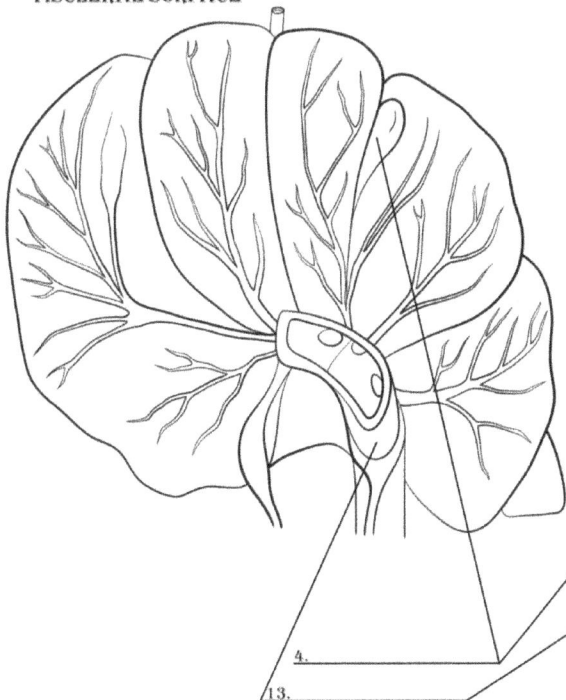

DIAPHRAGMIC SURFACE

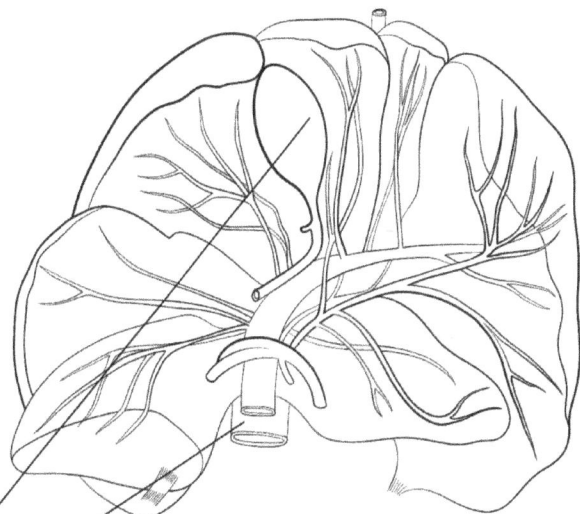

4.
13.

SEKTION 62: DIE LEBER DES HUNDES

1. FALCIFORMES LIGAMENT UND RUNDES LIGAMENTUM DER LEBER

2. QUADRATISCHER LAPPEN

3. GALLENBLASE

4. LINKER MITTELLAPPEN

5. RECHTER MITTELLAPPEN

6. RECHTER SEITENLAPPEN

7. PAPILLARFORTSATZ DES CAUDAT-LAPPENS

8. PROCESSUS CAUDATUS DES SCHWANZLÄNGSLAPPENS

9. LINKER SEITENLAPPEN

10. RECHTE NIERE

11. HEPATORENALES LIGAMENT

12. NEBENNIERE

13. KAUDALE HOHLVENE

14. AORTA

SEKTION 63: DAS RÜCKENMARK DES HUNDES

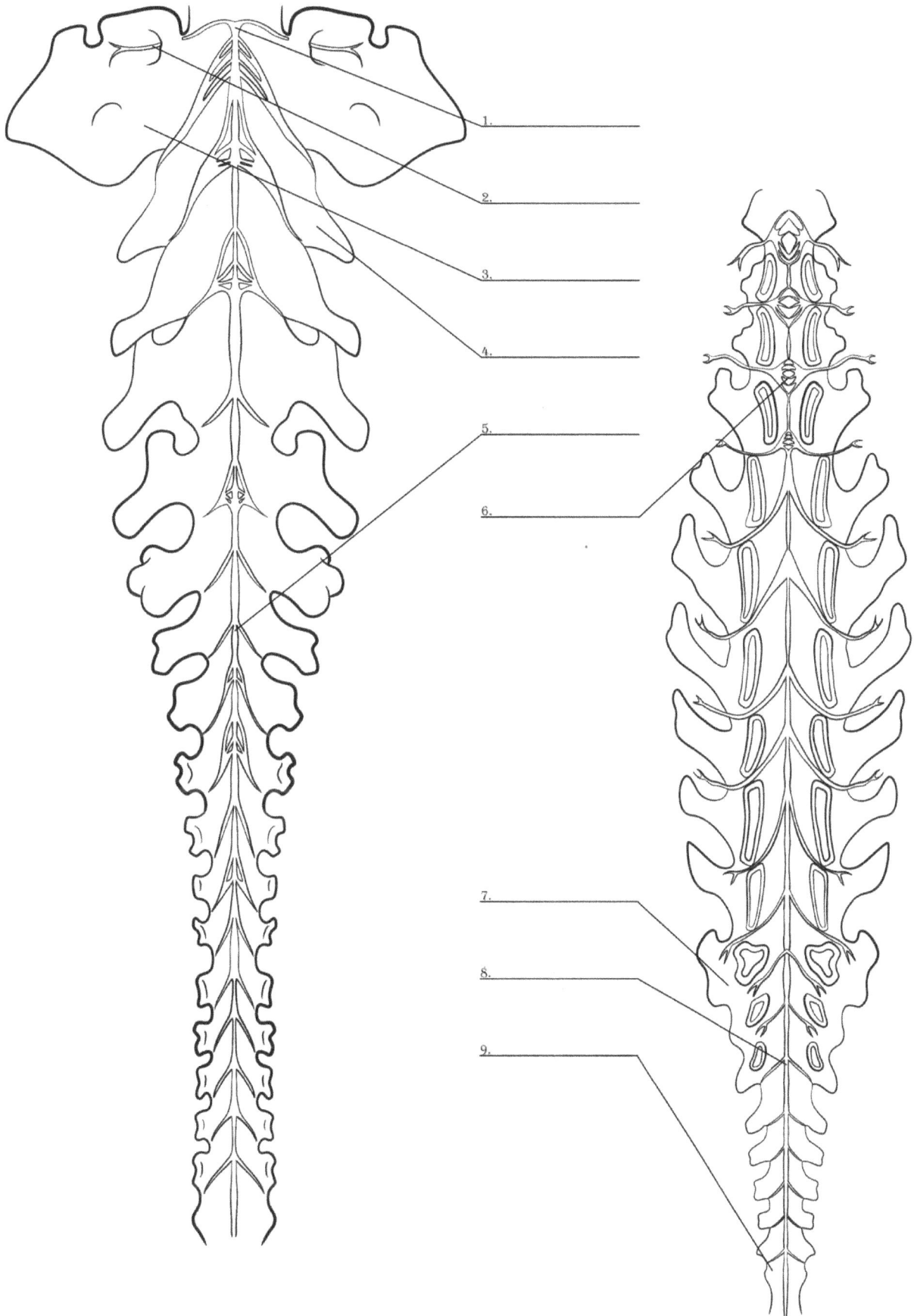

1.

2.

3.

4.

5.

6.

7.

8.

9.

SEKTION 63: DAS RÜCKENMARK DES HUNDES

1. HALSWIRBEL (7)
2. NERV
3. ATLAS
4. ACHSE
5. BRUSTWIRBEL (13)
6. LENDENWIRBEL (7)
7. KREUZBEIN (3)
8. COCCYGEAL (20-23)
9. TERMINAL FILUM